LE PLIOCÈNE AU NORD DU TAGE

(PLAISANCIEN)

PAR

GUSTAVE F. DOLLFUS

Ancien Président de la Société Géologique de France — Collaborateur principal de la Carte Géologique de France

ET

J. C. BERKELEY COTTER

Adjoint à la Commission du Service Géologique — Correspondant de l'Académie Royal des Sciences

---

1ʳᵉ PARTIE—PELECYPODA

PRÉCÉDÉE D'UNE NOTICE GÉOLOGIQUE

Avec 9 planches

LISBONNE

IMPRIMERIE NATIONALE

1909

MÉMOIRES

TECTONIQUE ET GÉOLOGIE APPLIQUÉE

Estudos geologicos: — Memoria sobre o abastecimento de Lisboa com aguas de nascente e aguas de rio, por Car
    Ribeiro. 4°, 115 pag., Lisboa, 1867. Épuisé.
Étude géologique du tunnel du Rocio, contribution à la connaissance du sous-sol de Lisbonne, par P.
    Choffat. Avec un article paléontologique par J. C. Berkeley Cotter, et un article zoologique par Albert Girard.
    106 pag., 7 pl., Lisbonne, 1889.
Essai sur la Tectonique de la Chaîne de l'Arrabida, par Paul Choffat, Lisbonne, 1908. 4°, 89 pag., 10 pl.

FLORE FOSSILE

Flora fossil do terreno carbonifero das visinhanças do Porto, Serra do Bussaco e Moinho d'Ordem pr
    ximo a Alcacer do Sal (Flore fossile du terrain carbonifère des environs du Porte, Serra de Bussaco et Moin
    d'Ordem près d'Alcacer do Sal), por Bernardino Antonio Gomes. 4°, 44 pag., 6 est., Lisboa, 1865 (Avec traducti
    en français).
Contributions à la Flore fossile du Portugal, par Oswald Heer. 4°, 47 pag., 20 pl., Lisbonne, 1881.
Monographia do genero Dicranophyllum (Systema carbonico), por Wenceslau de Lima. 4°, 14 pag., 3 est., Lisb
    1888 (Avec traduction en français).
Nouvelles contributions à la Flore mésozoïque, par le marquis de Saporta, accompagnées d'une Notice strat
    graphique, par Paul Choffat. 4°, 288 pag., 40 pl., Lisbonne, 1894.

VERTÉBRÉS FOSSILES

Contributions à l'étude des Poissons et des Reptiles du Jurassique et du Crétacique, par H. E. Sauvag
    4°, 48 pag., 10 pl., Lisbonne, 1897–98.

PALÉOZOÏQUE

Terrenos paleozoicos de Portugal. — Sobre a existencia do terreno siluriano no Baixo-Alemtejo (Sur l'existence
    terrain silurien dans le Baixo Alemtejo), por J. F. N. Delgado. 4°, 35 pag., 2 est., 1 carta. Lisboa, 1876 (Avec tr
    duction en français). Épuisé.
Estudo sobre os Bilobites e outros fosseis das quartzites da base do systema silurico de Portugal (Étu
    sur les Bilobites et autres fossilles des quartzites de la base du Système silurique du Portugal), por J. F. N. Delgad
    4°, 111 pag., 43 estampas, senlo 3 de formato duplo. Lisboa, 1885 (Avec traduction en français).
——— Supplemento (Supplément), por J. F. N. Delgado. 4°, 75 pag., 12 estampas, sendo 2 de maior formato. Lisboa, 18
    (Avec traduction en français).
Fauna silurica de Portugal. — Descripção de uma forma nova de Trilobite, Lichas (Uralichas) Ribeiroi, por J. F.
    Delgado. 4°, 34 pag., 6 est., Lisboa, 1892 (Avec traduction en français).
——— Novas observações acerca do Lichas (Uralichas) Ribeiroi, por J. F. N. Delgado. 4°, 34 pag., 4 est., Lisboa, 18
    (Avec traduction en français).
Système silurique du Portugal. — Étude de stratigraphie paléontologique, par J. F. Nery Delgado. Lisbonne, 190
    4°, 245 pag., 1 tableau stratigraphique, 8 pl.

JURASSIQUE

Étude stratigraphique et paléontologique des terrains jurassiques du Portugal, par Paul Choffat. 1ère li
    Le Lias et le Dogger au Nord du Tage. 4°, 72 pag., Lisbonne, 1880.
Description de la Faune jurassique du Portugal.
——— Céphalopodes, par P. Choffat. 1re sér., Ammonites du Lusitanien de la contrée de Torres-Vedras. 4°, 82 pag., 20 pl., 189
——— Mollusques Lamellibranches, par Paul Choffat. Premier ordre, Siphonida. 1ère livraison. 4°, 39 pag., 9 pl., 1893.
——— Deuxième ordre, Asiphonida. 1ère livraison. 4°, 36 pag., 10 pl., Lisbonne, 1885. — 2e livraison, 40 pag., 10 pl., 188
——— Échinodermes, par P. de Loriol. 4°, 179 pag., 20 pl., Lisbonne, 1890–1891.
——— Polypiers du jurassique supérieur, par F. Koby, avec une Notice stratigraphique, par Paul Choffat. 4°, 168 pag
    30 pl., Lisbonne, 1904–1905.

CRÉTASSIQUE

Recueil de Monographies stratigraphiques sur le Système crétacique du Portugal, par Paul Choffat.
    Première étude. Contrées de Cintra, de Bellas et de Lisbonne. 4°, 68 pag., 3 pl., Lisbonne, 1885.
    Deuxième étude. Le Crétacique supérieur au Nord du Tage. 4°, 287 pag., 11 pl., Lisbonne, 1900.

LE PLIOCÈNE AU NORD DU TAGE

COMMISSION DU SERVICE GÉOLOGIQUE DU PORTUGAL

MOLLUSQUES TERTIAIRES DU PORTUGAL

LE PLIOCÈNE AU NORD DU TAGE

(PLAISANCIEN)

PAR

GUSTAVE F. DOLLFUS

Ancien Président de la Société Géologique de France — Collaborateur principal de la Carte Géologique de France

ET

J. C. BERKELEY COTTER

Adjoint à la Commission du Service Géologique — Correspondant de l'Académie Royal des Sciences

1ʳᵉ PARTIE—PÉLÉCYPODA

PRÉCÉDÉE D'UNE NOTICE GÉOLOGIQUE

Avec 9 planches

LISBONNE

IMPRIMERIE NATIONALE

1909

AVANT-PROPOS

Le nouveau volume que nous présentons au public scientifique a pour but de faire connaître une faune de mollusques marins, découverte au Nord du Tage, dans la portion du littoral portugais comprise entre Caldas da Rainha et la rivière Liz.

Cette faune, que nous attribuons au Pliocène ancien (Plaisancien), est riche en espèces et en individus, principalement en Gastéropodes. Elle est connue par quelques affleurements, peu étendus et peu puissants, échelonnés sur une ligne de 55 kilomètres, dirigée approximativement du Nord au Sud, entre les deux points précités, et à une faible distance du rivage actuel de l'Océan, dont elle est en majeure partie séparée par des dunes.

Sa première mention est due à notre confrère Mr. Paul Choffat, infatigable pionnier de la science, auquel la géologie et la paléontologie portugaises doivent des services nombreux et importants, soit dans la métropole, soit dans les colonies.

On sait que des dépôts fossilifères appartenant au Plaisancien marin, d'une importance plus ou moins grande, sont connus en Angleterre, en Belgique, et dans la France occidentale. On en connaît aussi dans le S.-E. de la France, principalement dans la dépression rhodannienne, en Espagne, dans les environs de Barcelone, de Malaga, et près de Jodar sur le Guadalquivir, en Italie, de chaque côté des Appenins, de la base du Monte-Mario, près de Rome, en Calabre, en Sicile, en Syrie, en Algérie; puis à Safi sur la côte N.-O. du Maroc, etc., etc.

Par contre il existait une lacune sur le littoral portugais, et cette lacune est heureusement comblée par la découverte de la faune que nous publions aujourd'hui. Il est donc inutile d'insister sur son importance;

les paléontologistes le reconnaîtront au premier coup d'œil en parcourant cette première partie de l'ouvrage dans lequel 78 espèces de Pélécypodes et 1 Brachiopode se trouvent décrits, et pour la plupart figurés, plus ou moins complètement.

La 2ᵉ partie du mémoire, qui sera publiée plus tard, comprendra les Gastéropodes des mêmes gisements, qui s'y trouvent en nombre considérable.

Comme introduction au travail paléontologique, nous l'avons fait précéder d'une brève notice géologique décrivant les gisements du Nord du Tage, d'où proviennent les espèces figurées. On y parle aussi d'un gisement fossilifère synchronique, se trouvant dans la partie supérieure de la formation arénacée d'Alfeite, au Sud du Tage, vis-à-vis de Lisbonne. Ce dépôt a aussi été découvert par Mr. Choffat, qui y a signalé les débris d'une faune marine, malheureusement pauvre et mal conservée et d'une flore terrestre plus abondante. Nous citons pour la première fois les espèces reconnues dans cette faune marine, conservée sous forme de moules et d'empreintes, et nous traitons de sa classification stratigraphique, ainsi que de celle des sables sans fossiles (?) qui lui sont subordonnés et aussi d'autres strates plus anciennes, appartenant déjà au Miocène supérieur.

Cette introduction renferme aussi l'énumération des autres affleurements du pays, attribués au Pliocène. Elle contient six figures de coupes des gisements fossilifères du Nord du Tage, et la partie paléontologique est acompagnée de neuf planches en phototypie.

Paris-Lisbonne, Juin, 1909.

G. D. et B. C.

NOTICE SUR LE PLIOCÈNE DU PORTUGAL

Ayant à faire connaître les gisements fossilifères qui, au Nord du Tage, renferment l'intéressante faune marine pliocénique, dont la description fait l'objet de la présente publication, nous jugeons bon de mettre tout d'abord le lecteur au courant de ce qu'est la répartition, dans le pays, des principaux affleurements qui ont été rapportés à cette série. Nous allons donc grouper les matières, dont nous traitons dans cette notice, sous les rubriques suivantes:

Sous les deux premières, *Région au Sud du Tage* et *Région au Nord du Tage*, nous passons en revue les différents affleurements pliocéniques, soit marins, soit continentaux qui y sont contenus, en résumant les renseignements les plus essentiels que nous pouvons fournir; sous la troisième rubrique, *Gisements fossilifères*, nous donnons la description séparée des dépôts coquilliers et de leur localisation au Nord du Tage, depuis Caldas da Rainha jusqu'à la rivière Liz.

I.—RÉGION AU SUD DU TAGE

Dans son excellent travail, *Aperçu de la géologie du Portugal*, notre savant collègue Mr. Paul Choffat dit, page 35: «Sous le nom de Pliocène, la carte géologique réunit des dépôts superficiels, arénacés, dont il a rarement été possible de fixer l'âge exact, vu la grande pénurie de fossiles. Il est probable que certaines parties sont à rapporter au Quaternaire»[1].

L'affleurement le plus vaste que nous montre la carte géològique est celui qui comprend les bassins du Tage et du Rio Sado, et qui arrive à avoir une largeur maximum de presque 100 kilomètres.

C'est de cet affleurement que nous allons parler en premier lieu, mais auparavant nous dirons que le long de la province de l'Algarve s'observent, entre la région mésozoïque et le littoral, de grands lambeaux de terrains de recouvrement désignés comme pliocéniques, et, à moins d'une lieue d'Aljezur, à la partie Nord-Ouest de la province en question, courant le long de la côte maritime vers le Nord jusqu'à S. Thiago do Cacem, il y a également trois importants lambeaux, qui sont désignés comme appartenant au Pliocène et qui ne sont séparés de la mer que par des dunes; le plus grand d'entre eux a 15 kilomètres de largeur et 30 de longueur.

---

[1] Extrait de *Le Portugal au point de vue agricole*, in-4°, Imprimerie Nationale, Lisbonne 1900.

Comme il a été dit plus haut, c'est dans les bassins du Tage et du Rio Sado que se trouvent des dépôts sablonneux, très étendus, indiqués sur la carte sous la désignation de Pliocène.

Près de la Quinta Real d'Alfeite, en face de Lisbonne, ils ont plusieurs dizaines de mètres de puissance et contiennent aussi des grès argileux fins, des lits de cailloux roulés et de véritables conglomérats, dont quelques-uns à ciment ferrugineux. En 1883 Mr. Choffat eut la chance de découvrir, à la partie supérieure de ces dépôts, un lit d'argile sablonneuse micacée, avec beaucoup d'empreintes de végétaux terrestres, charriés, et des moules de quelques coquilles marines.

Cette découverte véritablement importante a déterminé de nouvelles recherches dans l'endroit en question, ainsi que sur les points voisins, recherches qui eurent pour résultat de faire apparaître une florule que Mr. de Saporta a attribuée au Pliocène ancien, et une faunule marine représentée par des moules et des empreintes de coquilles de détermination spécifique assez douteuse, due à leur mauvais état de conservation, et que nous rapportons aux genres et aux espèces qui suivent:

Calyptraea chinensis Linné sp. (*Patella*).
Solen marginatus Pennant.
Pharus legumen Linné sp. (*Solen*).
Glycimeris glycimeris Born sp. (*Mya*).
Thracia pubescens Pultney (*Mya*).
Lutraria lutraria Linné sp. (*Mya*).
Mactra (*Spisula*) *subtruncata* Da Costa, var. *triangula* Renier.
Tellina (*Capsa*) *lacunosa* Chemnitz.
Tellina (*Arcopagia*) *ventricosa* Marcel de Serres.
Donax trunculus Linné.
Tapes vetulus Basterot sp. (*Venus*).
Venus (*Circumphalus*) *plicata* Gmelin.
Meretrix (*Callista*) *chione* Linné sp. (*Venus*).
Cardium paucicostatum (?) Sowerby.
Arca (*Soldania*) *mytiloides* (?) Brocchi.
Arca diluvii (?) Lamarck.
Mytilus galloprovincialis Lamarck.
Pecten Benedictus Lamarck.

Ces strates supérieures appartiennent au Pliocène ancien, dit Mr. de Saporta [1], et, le savant géologue et paléontologiste de Lyon, Mr. Fred. Roman, dit en 1906 [2] dans les conclusions de son excellent travail fait en collaboration avec Mr. Antonio Torres, secrétaire de la Commission géologique: «L'histoire de la période Pliocène dans la vallée du Tage est plus difficile à reconstituer par suite du manque de documents. La mer a dû faire un nouveau retour offensif dans les environs immédiats de Lisbonne, mais l'immersion n'a été que de courte durée et ne s'est pas beaucoup étendue vers l'Est. La découverte faite par Mr. Choffat, dans les sables d'Alfeite, de débris de mollusques marins en mauvais état de conservation, suffit pour affirmer l'existence de la mer en ce point, très probablement à l'époque plaisancienne; mais cette faune marine était accompagnée de nombreux débris de feuilles de végétaux terrestres indiquant la grande proximité du rivage».

---

[1] Dans Choffat, ouvrage cité, p. 36.
[2] *Le Néogène continental dans la Basse Vallée du Tage (rive droite)*, 1ère Partie — *Paléontologie*, p. 78, Lisbonne 1907.

Nous sommes pleinement d'accord avec l'opinion des deux savants géologues précités attribuant au Pliocène ancien la partie de cette grande formation sablonneuse où ont apparu les fossiles en question; et j'ajoute en plus, comme confirmation, que les espèces de mollusques marins dont nous donnons la liste ci-dessus contenant les nouvelles trouvailles, sont toutes de la faune plaisancienne de la région au Nord du Tage, à l'exception de *Solen marginatus* de l'Helvétien de Lisbonne, indiqué sous le nom de *S. vagina,* et du Pliocène méditerranéen, de *Thracia pubescens* Pult. espèce du Miocène de Lisbonne et du Pliocène de l'Europe centrale et méridionale, et de *Capsa lacunosa* Chem. qui est connue du Pliocène dans le bassin de la Méditerranée et qui a été recueillie par nous dans le Miocène depuis le Burdigalien inférieur, jusqu'au Tortonien de Lisbonne et environs, et, dans ce dernier étage, dans les dépôts de Cacella.

Il nous semble donc qu'il ne peut pas y avoir de doute que la partie supérieure des dépôts sablonneux d'Alfeite d'une dizaine de mètres d'épaisseur qui se rencontrent à une altitude d'environ 50 mètres au-dessus du niveau de l'estuaire actuel du Tage, doit être rapportée à l'étage plaisancien.

Passant ensuite à une autre question qui est étroitement liée à celle que nous venons de traiter, nous dirons que nous avons de bonnes raisons pour croire, qu'entre le sommet du Tortonien marin qui peut s'observer par exemple dans les falaises de Caparica et do Rego jusqu'à Adiça, entre l'embouchure du Tage et la lagune d'Albufeira, et la base de la formation des sables rougeâtres d'Alfeite (que l'on voit couronner les falaises en question), se trouve le Miocène supérieur (Sarmatien ou Pontien) qui est représenté par une assise de sables fins que nous nommerons *sables de Sobreda,* parce que c'est en ce dernier point que nous les avons observé en premier lieu.

Nous commençons par transcrire ce que dans notre *Esquisse du Miocène marin portugais,* p. 29, nous disons à propos de cette assise.

«Au-dessus des couches précitées (couches tortoniennes) se trouve une arène très fine, dépourvue de calcaire. Il est probable qu'elle ne fait plus partie de l'assise et appartient à l'assise de grès qui, dans cette falaise, présentent une puissance de 3, 4 à 6 mètres et sont intercalés entre le Miocène fossilifère et les sables grossiers et conglomérats d'Alfeite. Ces grès sont plus ou moins fins, tantôt argileux, tantôt ferrugineux, de couleur grise ou sang de bœuf ou jaunâtre et contiennent parfois des restes peu distincts de fossiles d'estuaire.

Cette zone dont nous avons reconnu la présence, par exemple à Espadeiros, au Sud de Val-de-Morello, à Sobreda et sur d'autres points, est bien caractérisée dans les falaises maritimes entre les points précités (Foz de Rego et Adiça) et réapparaît à Adiça, mais avec un aspect un peu différent. Nous avons reconnu des affleurements analogues au Nord du Tage, par exemple à Alhandra, mais nous ne pouvons pas encore nous prononcer définitivement sur l'âge de ces sables. Leur position nous fait supposer que, dans cette partie de la Péninsule, ils représentent une phase de transition du Tortonien ou Pliocène, équivalant peut-être au Pontien ou au Messinien (Sarmatien)»[1].

De nouvelles recherches effectuées à la partie supérieure de la falaise maritime depuis la côte de Caparica à la côte de Rego, en des points moins accessibles et également vers l'intérieur de la péninsule de Setubal, sont venues confirmer nos suppositions et nous avons reconnu

---

[1] In *Mollusques tertiaires du Portugal. Planches de Céphalopodes, Gastéropodes, Pélécypodes, etc.,* par Dollfus, Cotter et Gomes. Lisbonne 1903–1904.

B

que l'épaisseur de l'assise de sables fins en question arrive à être en quelques points de 10 à 12 mètres.

Les nombreuses espèces tortoniennes qui s'observent dans la couche fossilifère la plus élevée de la molasse à Bocca do Rego, et que l'on trouve en si bon état de conservation comme par exemple: *Conus Puschi, Ancilla glandiformis, Turritella subarchimedis T. Delgadoi, Natica redempta, Tellina planata, Tapes vetulus, Venus gigas. V. plicata, Cytherea pedemontana, Cardium discrepans, Lucina columbella, Cardita Jouanneti, C. scabricosta, Pectunculus bimaculatus, Arca helvetica, Arca mytiloides, Pecten solarium, P. fraterculus, P. tenuisulcatus, P. scabrellus var. macrotis, Ostrea edulis var. digitalina*, etc., etc., disparaissent dans leur presque totalité dans l'assise supérieure de Sobreda; il y a à peine quelques-unes de ces formes qui arrivent à y être représentées par de rares exemplaires, comme par exemple *Pecten solarium;* une partie de ces strates est absolument azoïque, d'autres présentent des empreintes ou des moules peu distincts de petites formes d'estuaire comme *Corbula, Ervilia, Mactra, Tellina*, etc., d'autres finalement montrent des moules et des empreintes de *Mytilus galloprovincialis* formant de véritables lits de cette espèce avec des exemplaires de belles dimensions, qui sont accompagnés de quelques individus d'*Ostrea edulis* var. *digitalina*. Evidemment l'assise des sables de Sobreda représente dans nos régions la phase finale du Miocène marin et les quelques fossiles tortoniens que nous y rencontrons encore représentent les derniers témoins d'une faune en voie d'extinction. Les sables grossiers et les conglomérats ferrugineux d'Alfeite, qui se superposent à l'assise en question, ont un facies très divers et nous n'avons pas pu découvrir dans l'épaisseur de leurs couches des vestiges de coquilles marines ou d'estuaire, sauf celles qui, ainsi que nous l'avons dit plus haut, se trouvent au sommet d'Alfeite, en face de Lisbonne, et qui ont été signalées en premier lieu par Mr. Choffat; mais en ce point, sa base étant recouverte, il ne nous fut pas possible d'observer l'assise de Sobreda.

Comme éclaircissement et documentation, nous allons donner un résumé de l'une des nombreuses coupes effectuées dernièrement dans la région néogénique dont nous parlons, en choisissant comme la plus complète celle qui a été faite en un point de l'escarpement du Rego à 1.200 mètres au Sud 80° Ouest du moulin de Charneca.

Voici ce que nous avons trouvé, en allant de bas en haut, sur une épaisseur considérable de strates de la division VII[h] (Tortonien), qui est la dernière de notre tableau de classification du Miocène:

1. Couche de grès fin argileux, de couleur jaune foncé, contenant la belle faune marine tortonienne avec *Venus gigas, Cytherea pedemontana, Cardita Jouanneti, Pecten solarium, etc.*, que, plus haut, nous avons déjà mentionnée; les fossiles sont en très bon état de conservation.. 0^m,20

2. Sable fin, argileux, cendré, en partie ferrugineux, avec des vestiges de *Pecten scabrellus* et d'autres petits fossiles bivalves, en moules et empreintes peu distincts......... 4^m à 5^m

Ce sable établit le passage aux couches plus franchement caractéristiques de l'assise de Sobreda, que nous considérons comme étant l'assise tout-à-fait supérieure du Miocène de notre pays et que nous rapportons au Pré-Pontien ou au Pontien.

3. Sables très fins, en partie blancs, sans calcaire et sans fossiles. On les emploie dans la localité pour la fabrication du stuc. Sur le haut ils deviennent grossiers et forment de véritables grès... 4^m,00

4. Grès très fin, très argileux, micacé, avec beaucoup de moules de petits fossiles d'estuaire
   spécifiquement indéterminables et d'empreintes de *Mytilus galloprovincialis* et de
   quelques *Ostrea edulis* var. *digitalina*... $0^m,35$
5. Sable fin jaune, micacé, se consolidant vers le haut, où il devient plus marneux....... $4^m,50$
6. Grès jaunâtre très ferrugineux; on y a trouvé un moule de *Pecten solarium* .... $0^m,20$
7. Grès argileux, plus clair, avec des moules peu distincts de *Venus, Cytherea, Tapes,* etc.. $0^m,05$

Cette couche représente dans cette région la dernière récurrence des formes tortoniennes franchement marines. Il est réellement notable qu'entre ces dépouilles de la faune marine, nous n'ayons pas rencontré un seul vestige de *Gastéropode.* Tous les moules, empreintes, etc., sont des *Pélécypodes.*

8. Sable argileux jaunâtre... $1^m,00$

Reposant en stratification concordante sur l'assise de Sobreda, nous avons une épaisseur d'une dizaine de mètres de sables rouges grossiers d'Alfeite, qui se répartit de la façon suivante:

9. Sable grossier, rouge, très ferrugineux, avec *de petits cailloux roulés* .... $7^m,00$
10. Grès fin blanchâtre, micacé, avec des intercalations de grès argileux, de sable graveleux
    et de cailloux roulés.. 1^m à 2^m
11. Grès rougeâtre avec d'abondants cailloux, gros comme des œufs de poule et même
    plus gros, ayant par places l'aspect d'un véritable conglomérat.................. $1^m,00$

Dans cette partie Nord-Ouest de la péninsule de Setubal, la dénudation semble avoir enlevé la majeure partie des sables grossiers d'Alfeite, ne laissant superposées sur l'assise de Sobreda que des épaisseurs de 10, 12 et 18 mètres. Mais en marchant dans la direction du Nord-Est, nous rencontrons à Espadeiros, à 3 kilomètres de la falaise d'Alfeite, une épaisseur de 33 mètres et en arrivant au signal de S. Simão qui domine la dite falaise, la puissance des sables en question doit être de 50 à 60 mètres.

Dans les autres coupes faites, par exemple: au Sud du moulin de Chibata, à 1.200 mètres au Sud-Est du hameau Da Costa, à Sobreda à 2 kilomètres au Sud de Senhora do Monte, à 150 mètres à l'Est du couvent de Rosa, et à Espadeiros, les couches de Sobreda montrent les équivalents de la coupe que nous avons décrite plus haut, équivalents plus ou moins bien représentés, en remarquant que dans la coupe du couvent de Rosa, au lieu d'une seule strate à *Mytilus,* il y en a deux avec interposition d'une couche de sable blanc. L'inclinaison de ces sables est de 4° à 5° vers le Sud-Est et elle concorde en général avec celle des couches franchement marines qui leur sont sousjacentes.

Nous pensons donc que cette assise de Sobreda doit être l'équivalent saumâtre et marin d'une partie ou de tout le Pontien à facies continental que Mrs. Roman et Torres ont reconnu en 1906 sur la rive droite du Tage, représenté par les marnes pontiques d'Archino et d'Azambuja à *Hipparion gracile* et *Tragoceros amaltheus* et par les calcaires de Cartaxo, et l'assise en question indiquerait le mouvement de regression marine qui avait déjà commencé à l'âge tortonien, mais qui a été bien mieux caractérisé dans les âges suivants (Pré-Pontique et Pontique); c'est à cette assise que doivent succéder les dépôts fossilifères d'Alfeite dus au nouveau retour offensif de la mer dans les environs immédiats de Lisbonne et dont parle Mr. Roman, quand il dit, page 78 de son ouvrage déjà cité:

«Cette immersion de l'estuaire du Tage pendant le Pliocène inférieur a eu pour conséquence le changement du niveau de base de la vallée fluviale, et des ravinements se sont fait sentir à l'amont. C'est ainsi que l'on voit à Setil, les marnes (de la formation sableuse de Cartaxo) qui reposent sur le calcaire de Cartaxo (Pontien) ravinées par des sables blancs un peu grossiers. Ces sables supportent à leur tour à Santarem, des calcaires renfermant une faune d'eau douce qui appartient nettement au Pliocène inférieur».

Mais, en admettant l'hypothèse de l'âge prépontique ou pontique des sables fins de Sobreda, il reste encore à vérifier quelle doit être la position à assigner aux dépôts de sables grossiers rouges et aux conglomérats qu'on observe entre les dits sables fins de Sobreda et les sables, argiles et conglomérats supérieurs d'Alfeite à fossiles marins, dont nous avons donné ci-dessus la liste, ainsi que des végétaux attribués au Pliocène inférieur (Plaisancien).

Ces sables inférieurs d'Alfeite, intercalés entre deux formations marines, devront-ils être encore rapportés au Pontien, quand le Tage se vidait au Sud de son estuaire actuel par un delta très vaste et quand il couvrait, d'après Mr. Roman, de ses bras ou de ses marécages une grande partie de l'Alemtejo?[1]

Ou bien ces sables azoïques (?) seront-ils déjà l'équivalent du Pliocène continental au Nord du Tage, qui s'étend depuis Azambuja jusqu'à Thomar, mais qui présente une épaisseur maximum dans l'escarpement de Santarem, où il atteint 90 mètres environ, selon Mr. Torres, et que ce géologue a dénommé *Formation sableuse de Cartaxo*[2] et qu'il range dans le Pliocène, conformément à l'opinion de Carlos Ribeiro, confirmée par l'étude de Mr. Roman?

En conclusion, nous avons à la falaise maritime de Rego par exemple l'ensemble suivant, en allant de bas en haut:

1° **Tortonien marin.** — Le complexe formant la division VII[b] de notre tableau de classification du Miocène publié en 1904.

2° **Pontien ou Ante-Pontien.** — Sables fins de Sobreda immédiatement superposés au Tortonien marin.

3° **Pliocène ancien.** — Sables grossiers et conglomérats d'Alfeite (partie inférieure).

4° **Pliocène ancien (Plaisancien).** — Sables grossiers, argiles et conglomérats avec des mollusques marins et des plantes terrestres (partie supérieure).

Jusqu'à ce que l'on ait obtenu de plus amples documents qui puissent servir à trancher définitivement les questions douteuses que nous venons d'indiquer, nous proposons, bien entendu avec les réserves d'usage, l'essai de classification donné ci-dessus.

II. — RÉGION AU NORD DU TAGE

Au Nord de l'embouchure du Tage, entre les caps Roca et Carvoeiro, la carte géologique nous montre non loin du littoral des petits lambeaux sableux, avec l'indication du Pliocène; ces lambeaux sont peu nombreux et de petite étendue, d'autres encore existent dans la région, mais leur exiguïté ne permet pas de les représenter dans cette carte.

---

[1] *Ouvrage déjà cité*, p. 78.
[2] *Ouvrage déjà cité*, p. 101.

A environ 60 kilomètres au Nord-Est de ces premiers lambeaux, c'est-à-dire depuis Azambuja, sur la rive droite du Tage, s'étend vers le Nord et le Nord-Est la formation sableuse de Cartaxo, assez épaisse, avec des intercalations de lits argileux. Mr. Torres, en vue de données stratigraphiques, l'a rangée dans le Pliocène[1]. A Santarem, sa puissance est d'environ 90 mètres, les lits argileux sont phytalifères et on y a recueilli, selon le même géologue, un exemplaire indéterminable d'*Unio*. La carte géologique portait déjà cette indication, mais limitée seulement à une aire assez restreinte autour de Cartaxo, elle doit être amplifiée à d'autres dépôts de la contrée qui figurent à présent sous la rubrique de Miocène lacustre. A Santarem, des calcaires peu épais reposent sur les sables de la formation précédente. Mrs. Roman et Torres leur ont donné le nom de *Calcaires de Santarem*; ils sont assez développés autour de la ville et ont fourni:

Glandina aquensis Matheron, *Helix* sp., *Limnaea Bouilleti* Michaud, *Limnaea* aff. *cucuronensis* Fontannes, *Planorbis* aff. *Thiollierei* Michaud, *Bithinia* aff. *tentaculata* Lin.

Selon l'avis de Mr. Roman qui a étudié les dites espèces cette faunule appartient au Pliocène (p. 78).

A environ 80 kilomètres au Nord de Lisbonne, entre Caldas da Rainha et Monte-Real, au Sud du Rio Liz, s'étend la région où l'on a recueilli les mollusques marins dont la description fait l'objet du travail paléontologique qui suit. Leurs gisements sont dispersés dans une bande sableuse de largeur variable qui, dans le sens Ouest-Est à partir du rivage de la mer ou des points voisins, ne dépasse pas 7 à 8 kilomètres et qui exceptionnellement seulement atteint 10 kilomètres à Monte-Real; la bande en question a, dans le sens Nord-Sud, 55 kilomètres de long.

En général, les cotes les plus élevées de cette région correspondent aux affleurements mésozoïques contigus et c'est sur le côté occidental de cette région, près, ou à la limite, des roches de ce groupe, que l'on a découvert les dépôts fossilifères; au-delà de ces limites du côté de l'Est et du Nord, on n'a rencontré, dans les dépôts désignés sur la carte comme appartenant au Pliocène, que des représentants de la flore continentale.

Au Nord du Rio Liz on continue à voir, à une distance plus ou moins grande de la côte, de grandes surfaces, désignées sous le même nom conventionnel, qui se prolongent avec interruptions jusqu'à Aveiro et Estarreja; mais elles n'ont pas encore donné de fossiles marins. Se rapportant à la partie de la région sableuse qui s'étend d'Alcobaça à Aveiro, au Nord et à l'Est de la région fossilifère, Mr. Choffat dit encore dans son travail déjà cité[2]:

«D'Alcobaça à Aveiro le Pliocène forme une grande plaine de sables fins, divisée en trois sections par les chaînes jurassiques de Leiria et de Buarcos. Elle est séparée de la mer par une bande de dunes de plusieurs kilomètres de largeur qui ne laissent communiquer facilement avec le rivage que par quelques rivières assez éloignées les unes des autres.

Examinés au microscope, les grains de ce sable fin ne sont pas aussi arrondis que les grains de mêmes dimensions des sables des dunes, ils sont pourtant moins anguleux que le sable du fond du Tage.

Sur le terrain, il est bien difficile de faire la distinction entre ce sable pliocène et celui des parties fines des dunes, d'autant plus que le vent le remanie lorsqu'il n'est pas protégé par la végétation et forme de petites dunes qui se confondent avec les autres.

---

[1] Roman et Torres, *Ouvrage cité*, p. 101.
[2] *Aperçu de la Géologie du Portugal*, pp. 37-38.

Le meilleur caractère distinctif est la présence de petits cailloux, de la grosseur d'une noix ou d'un œuf de poule, qui sont souvent fort rares, mais qui pourtant manquent rarement...

C'est surtout entre le Mondego et le Vouga que cette région est caractéristique. Elle porte le nom de *Gandara*[1]; c'est la Hollande portugaise, comme l'a spirituellement dénommée Elisée Reclus.

La digue formée par les dunes force les eaux à serpenter longtemps avant de se jeter à l'Océan et c'est la grande humidité qui en résulte qui permet au sol d'être productif...

Le côté occidental de cette aire pliocène n'est pas formé par les mèmes grès que dans la contrée de Soure et de Leiria, mais par des graviers plus ou moins argileux, contenant de gros quartzites arrondis. C'est le type dominant dans tous les lambeaux du Pliocène du Nord».

La plus grande largeur de cette région de recouvrement se rencontre entre Palheiros de Mira, sur le bord de la mer, et les terres immédiatement au Nord de Anadia, où elle arrive à ètre de 36 à 37 kilomètres. Pour compléter la revue des surfaces où existent des dépôts attribués au Pliocène, nous dirons que dans les provinces les plus septentrionales, on les observe dans les vallées du Cavado, du Lima et du Minho. Les dépôts de cette dernière vallée se rencontrent à environ 50 kilomètres de la côte et dans Trás-os-Montes à Chaves, au Sud de Villa Pouca de Aguiar, au Sud et à l'Est de Bragança; à l'Ouest de Miranda do Douro, il y a un lambeau de certaine importance ayant environ 15 kilomètres de large. Il n'est pas probable que l'on ait rencontré de fossiles marins dans les affleurements situés entre le Rio Liz et la frontière.

III.—GISEMENTS FOSSILIFÈRES

Les dépôts les plus importants de fossiles marins dont nous allons nous occuper spécialement et qui se rencontrent, ainsi que nous l'avons déjà dit plus haut, depuis le voisinage de Caldas da Rainha jusqu'à proximité de la vallée de Liz, sont ceux qui ont donné la faune marine que, par des investigations indépendantes, nous considérons tous les deux comme appartenant au Pliocène inférieur ou *Plaisancien*.

En allant du Sud au Nord nous comptons les suivants:

Aguas Santas.—Negreiro.—Nadadoiro.—Selir do Porto.—Bom Jesus.—Famalicão.— Senhora da Victoria.—Monte-Real.

Il y a également des points, plus ou moins éloignés de ceux qui ont été désignés, et où l'on a recueilli des exemplaires en général en fort mauvais état de conservation ou seulement en fragments, ou bien où l'on rencontre uniquement des sables avec des détritus de coquilles, qui servent simplement comme indicateurs des dépôts que l'action du temps ou de l'homme va en effaçant.

En général, les dépôts de fossiles reposent sur des roches de formation plus ancienne, qui se présentent plus ou moins disloquées de leur position primitive par suite d'accidents tectoniques. Ces dépôts sont de composition peu variée et consistent pour la majeure partie en sables fins ou grossiers (par places ce sont de véritables grès) qui sont mélangés à la base avec les détritus des marnes mésozoïques sousjacentes dans lesquelles on observe des coquilles entières ou brisées; par endroits ces dépôts renferment des lits de cailloux roulés, de petite

---

[1] Terre sablonneuse.

et de grande taille composés de calcaire et de quartzite, formant parfois des conglomérats, tandis que d'autre part on constate aussi l'existence de lentilles d'argile plus ou moins micacée, lentilles intercalées dans les sables ou dans les grès les plus supérieurs, qui sont parfois ferrugineux. A Selir do Porto et de là vers le Nord, la base du Pliocène est formée par des roches plus consistantes, qui rappellent la molasse marine miocénique des bassins du Tage et du Sado et les conglomérats oligocéniques des mêmes régions.

AGUAS SANTAS

A environ 2 kilomètres à l'Ouest de la fameuse et très ancienne station thermale de Caldas da Rainha [1], existe le petit établissement balnéaire d'Aguas Santas [2], qui est utilisé pour le traitement des maladies de la peau. C'est à 700 mètres au Nord-Ouest de ces sources à l'endroit dénommé «A Mina» qu'en 1888 notre collègue Mr. Paul Choffat découvrit, en un terrain que l'on était en train de couper pour l'ouverture de la route de Caldas da Rainha à Foz d'Arelho et sur une étendue d'environ 100 mètres, un gisement très important de coquilles marines.

L'épaisseur du lit fossilifère ne dépasse pas ici 20 centimètres, le lit est formé de sable fin, argileux et micacé, mélangé avec bien des détritus de coquilles qui en partie sont de couleur foncée, due à la plus grande abondance de l'élément argileux sous-jacent provenant des marnes infraliasiques.

Sur cette couche, il y a une épaisseur d'environ un mètre de sables fins, sans fossiles, qui masque complètement le dépôt fossilifère.

L'abondance des espèces de Pleurotomidés et Nassinés qui ont été recueillies ici est réellement surprenante, fait qui s'observe dans d'autres régions fossilifères du Tertiaire mais qui, dans ce gisement unique, surpasse toute attente. D'autre part, la présence des bivalves est ici moins fréquente que par exemple dans le gisement de Nadadoiro que nous étudierons plus loin. Dans les gisements d'Aguas Santas, la proportion des bivalves aux gastéropodes est environ dans le rapport de 30 à 100.

Mr. Choffat, qui a été le premier à découvrir et à explorer ce gisement, a observé qu'il repose sur des calcaires marneux infraliasiques, et a expliqué la conservation des fossiles par le mélange provenant sans doute du remaniement des marno-calcaires infraliasiques [3]. L'inclinaison des strates est ici vers le Sud-Ouest et l'altitude à laquelle on rencontre le gisement est de 39 mètres. En des points voisins et vers le Sud, on a reconnu d'autres dépôts, mais d'importance inférieure, d'où l'on a aussi recueilli quelques exemplaires comme par exemple à 500 mètres au Sud-Sud-Ouest du signal da Charneca, où l'épaisseur du lit fossilifère est plus considérable. Par l'abondance et la variété de la faune recueillie, les gisements d'Aguas Santas doivent être considérés comme les plus importants de la contrée. C'est également au géologue déjà cité que l'on doit l'attribution de son âge au Pliocénique.

---

[1] Pour la connaissance générale de ces eaux thermales et en particulier pour les données géologiques qui les concernent, on pourra consulter l'excellent travail de Mr. P. Choffat intitulé : *Contributions à la connaissance géologique des sources minéro-thermales de l'aire mésozoïque du Portugal*, pp. 23 à 110, in-8°, 133 pages, Lisbonne, Imprimerie Nationale, 1893.

[2] Idem, p. 43.

[3] «Observations sur le Pliocène du Portugal», in *Bulletin de la Société Belge de Géologie, de Paléontologie et d'Hydrologie*, p. 122, t. III, Bruxelles, 1889.

NEGREIRO

A 1.300 mètres au Sud-Sud-Ouest du gisement principal d'Aguas Santas et à 400 mètres au S. 20° O. du Casal do Negreiro, apparaissent nouvellement, à 1 kilomètre de la portion de la lagune d'Obidos dénommée Braço da Barrosa, les dépôts fossilifères et ceci dans un petit monticule à gauche du vallon, qui déverse ses eaux dans la dite lagune.

Le croquis ci-joint montre la coupe de ce monticule, dont le noyau est constitué par les roches infraliasiques.

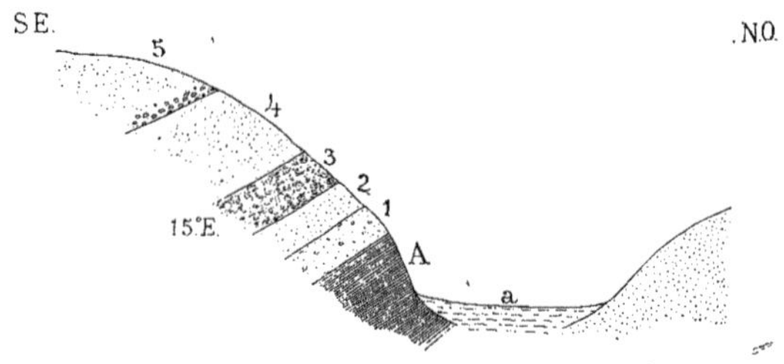

Fig. 1. — Coupe à 400 mètres au S. 26° O. de Negreiro

a. Limon.

A. Marnes infraliasiques de couleur lie de vin.
   On n'a pas pu reconnaître l'épaisseur.

1. Sable foncé, incohérent, avec fragments de coquilles, cailloux roulés, fragments de calcaires dolomitiques noirâtres et gros cailloux de la même roche perforés par les lithodomes. Ce dépôt est en partie consolidé. . . . . 0^m,60
2. Sable fin, durci par parties. Coquilles entières ou en fragments . . . . 0^m,60
3. Conglomérat de pâte argilo-ferrugineuse, renfermant des fragments de coquilles réparties dans la masse. — Inclinaison 15° vers l'Est. . . . . 1^m,00
4. Sable très micacé avec fossiles très abondants, entiers ou en fragments . . . . 2^m,50
5. Sables en partie rouges avec des cailloux roulés à la base. . . . . 2^m,5 à 3^m

Les numéros 1, 2, 4, constitueraient une seule couche sablonneuse fossilifère, s'il n'y avait pas l'interposition du conglomérat n° 3, dans lequel on observe des coquilles ou de leurs fragments agglutinés.

Les dépôts d'alluvion constituent le fond du petit vallon qui, dans la saison pluvieuse, mène l'eau à la lagune.

Dans les récoltes faites sur ce point ou dans son voisinage, par exemple à 400 mètres au Nord-Est de S. Thiago et à 400 mètres au Sud 40° Ouest de Negreiro, on remarque une grande différence dans la composition de la faune, quand on la compare avec celle d'Aguas Santas, car, tandis que dans cette localité les gastéropodes sont infiniment plus abondants, ici ils ne dépassent que d'un petit nombre les acéphales. Evidemment les deux groupes de gisements représentent des zones bathymétriques distinctes.

NADADOIRO

En quittant Negreiro, et en s'acheminant pendant environ 2.500 mètres dans la direction du Nord-Ouest, nous rencontrons à 400 mètres au Sud 10° Ouest du village de Nadadoiro et à une altitude de 40 mètres, un autre dépôt de la même nature que les précédents, où le terrain présente une petite rampe et où abondent les fossiles, mais en mauvais état de conservation; ils se trouvent immédiatement au-dessus des marnes infraliasiques.

A environ 30 mètres au Nord de ce point apparaissent des fossiles qui sont mieux conservés, mélangés à des cailloux roulés, et à 400 mètres vers le Sud du point précédent, on rencontre, également en terrain à grande déclivité, une abondance de *Pectunculus,* dont beaucoup d'exemplaires ont des valves unies. Nous donnons le croquis de la coupe faite dans le premier endroit indiqué.

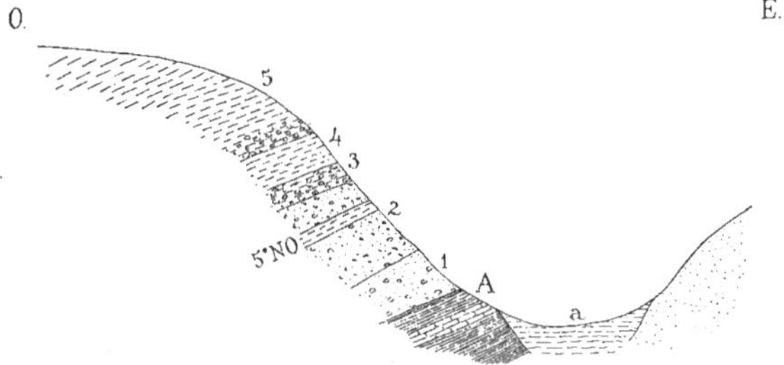

Fig. 2.—Coupe prise au Sud 10° Ouest de Nadadoiro

a Alluvion.

A—Marnes infraliasiques et calcaire dolomitique. On ne peut pas reconnaître l'épaisseur.

1. Sable fin micacé, de couleur foncée, avec des cailloux roulés et des coquilles en mauvais
   état de conservation ou en fragments. Le sable est en partie terreux, principalement
   à la base et est mélangé à beaucoup de débris de coquilles.................... $1^m,80$

2. Sable fin également micacé, de couleur blanchâtre, avec cailloux roulés sur toute l'épaisseur, avec intercalation un peu au dessus de la moitié de sa hauteur, d'un lit de grès
   grossier de couleur ocrée de $0^m,15$ d'épaisseur et incliné de 5° vers le Nord-Ouest $2^m,80$

3. Grès grossier, micacé, avec de grands cailloux roulés, fortement cimentés............ $0^m,30$

4. Grès fin, micacé, de consistance moyenne et de couleur ferrugineuse............... $1^m,00$

5. Grès fin micacé, de couleur jaunâtre et en partie noirâtre avec des cailloux roulés à la
   base, en partie recouvert .... 2^m à 3^m

La couche n° 2 n'a pas fourni de fossiles mais, dans son prolongement vers le Nord, les fossiles se sont présentés avec mélange de cailloux roulés.

Avant de quitter cette partie de la région, nous avons obtenu à environ 400 mètres au Nord-Ouest du premier gisement fossilifère d'Aguas Santas, et à 1.050 mètres à Sud 64°

Est du moulin situé sur la colline, qui a sur la carte la cote 65, une coupe en terrain un peu couvert dont nous donnons le croquis.

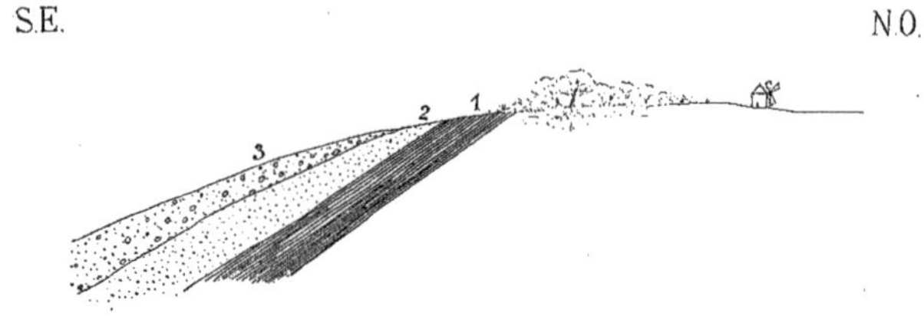

S.E.   N.O.

Fig. 3.—Petite coupe à 400 mètres au Nord-Ouest du gisement principal d'Aguas Santas

1. Argile très micacée à structure schistoïde et à coloration d'un jaune clair.—Épaisseur incertaine.
2. Sable de grains moyens, d'un jaune clair, avec de petits cailloux . . . . $1^m,50$
3. Sable plus grossier, de couleur plus foncée, avec beaucoup de cailloux roulés, petits
   et gros . . . . $2^m,50$

En aucune des couches désignées nous ne rencontrons de vestiges de coquilles marines. Nous croyons être en présence de dépôts de caractère continental.

Donc, avec l'exception des gisements fossilifères décrits plus haut ou des autres à peine désignés, nous ne rencontrons aucun autre gisement important de fossiles pliocéniques dans la zone qui s'étend de Caldas vers le Nord jusqu'à Selir et qui est limitée à l'Ouest par la lagune d'Obidos et par les éminences mésozoïques de la Cruz de Facho et de la Serra de Bouro et à l'Est par les côteaux de Tornada de la même ère. Il n'est pas dit que des fossiles ne pourront pas y être découverts plus tard, mais nous pouvons affirmer que les recherches ont été répétées, quoiqu'elles aient été bien gênées par le développement des cultures qui tendent à faire disparaître les affleurements déjà connus, et qui empêchent la reconnaissance et l'exploration d'autres gisements nouveaux.

SELIR DO PORTO

A 10 kilomètres au Nord d'Aguas Santas est situé le village de Selir do Porto, à peu de distance duquel, du côté du Nord-Est, se trouve le joli port de S. Martinho, petite dépression circulaire de 1.300 mètres de diamètre maximum où les eaux de l'Océan entrent par une étroite ouverture de 100 mètres de large.

C'est à Selir do Porto, d'après ce que dit Mr. Choffat[1], qu'il y a environ 40 ans le regretté géologue Nery Delgado a découvert un lambeau de molasse marine n'ayant que quelques mètres d'étendue, et qui fut attribué au Miocène. Mais la rencontre du gisement pliocénique d'Aguas Santas par le premier de ces géologues, l'a porté à visiter à nouveau la localité, et à 50 mètres au-dessous des murs de l'ancien château de Selir, il a fait la coupe que nous reproduisons ci-dessous dans des dépôts fossilifères analogues à ceux des environs de Caldas

---

[1] *Observation sur le Pliocène du Portugal*, p. 120.

da Rainha, et où ce sont principalement les Térébratules qui se trouvent en abondance extraordinaire.

Le complexe de roches de Selir se trouvant en des conditions stratigraphiques toujours intéressantes, nous avons observé que dans son sein s'est produit sur une grande échelle le phénomène de la décalcification, ce qui est dû à la facilité avec laquelle les eaux atmosphériques y pénètrent, par suite des mouvements du sol qui ont déterminé leur relèvement dans des angles qui vont jusqu'à 50°; or, comme les coquilles des Brachiopodes, des Pecten et des Ostracés résistent mieux à la dissolution, voilà pourquoi nous les retrouvons avec plus de fréquence dans ces strates et principalement les Térébratules. Le restant des fossiles se compose de moules internes de bivalves peu nombreux, en général de détermination difficile. Les moules de Gastéropodes y sont très rares.

Voici maintenant la coupe citée, ainsi que sa description.

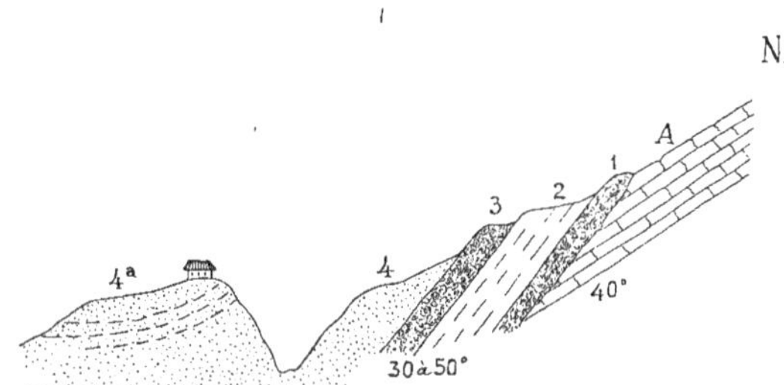

Fig. 4.—Coupe à 50 mètres au-dessous des murs du château de Selir do Porto

A. Calcaire dolomitique infraliasique, plongeant vers l'Est sous un angle de 40°.
1. Conglomérat tertiaire.
2. Molasse jaune, très tendre, avec intercalation de couches formées de fossiles triturés. Les coquilles sont abondantes, mais en général brisées, la grande majorité appartenant à des *Térébratules.* Par places, la molasse est un peu plus dure et contient des Lamellibranches à l'état de moules intérieurs.
3. Conglomérat formé en majeure partie aux dépens d'un grès rouge, probablement jurassique supérieur, contenant aussi de gros quartzites—*Pecten* de grande taille, *Polypiers* peu discernables, trous de *Pholades,* dans des cailloux calcaires ou gréseux. Les couches 1 à 3 plongent de 35° à 50° vers l'Est.
4. Sable très fin, non cohérent, micacé, jaune-nankin, avec petits cailloux blancs.

Mr. Choffat dit encore:

«Le contact entre ces sables et le conglomérat n'est pas découvert, ce qui est sans importance, car ces sables ne présentent pas de stratification et sont incontestablement superieurs aux conglomérats.

A une cinquantaine de mètres plus à l'Est, ces sables sont un peu plus gros et contiennent de petits cailloux arrondis, en lits présentant un plongement de 30° vers l'Est. Cet alignement peut n'être dû qu'à une fausse stratification (4ª)».

Les conglomérats et la molasse fossilifère de Selir ont 3 mètres d'épaisseur et les sables micacés supérieurs ont une épaisseur de 8 à 9 mètres.

BOM JESUS

Avec la même faune pauvre que nous observons à Selir do Porto, nous rencontrons plus loin le dépôt pliocène de Bom Jesus, situé à 500 mètres au Sud 12° Ouest de l'église de ce nom, et à 12 kilomètres au Nord-Nord-Est de Selir. La molasse fossilifère se présente aussi de mêmes composition, consistance et couleur que celles de la coupe précédente; l'inclinaison des strates étant également très forte, il n'y a pas le moindre doute que nous sommes en présence du même complexe, qui s'appuie sur le même calcaire marneux infraliasique caractéristique de la région.

En faisant exception des innombrables exemplaires de *Terebratula ampulla* Br. (valves libres, moules et empreintes) en mauvais état de conservation, enveloppés dans du grès grossier ferrugineux, il n'y aura qu'à mentionner les rares restes de *Pecten, Anomia, Mytilus, Cardium, Solen,* etc., qui à bien dire sont spécifiquement indéterminables, puis un moule unique de *Turritella.*

Nous donnons ci-dessous le croquis de la coupe faite en terrain accidenté, dont la cote d'altitude ne doit pas être inférieure à 60 mètres.

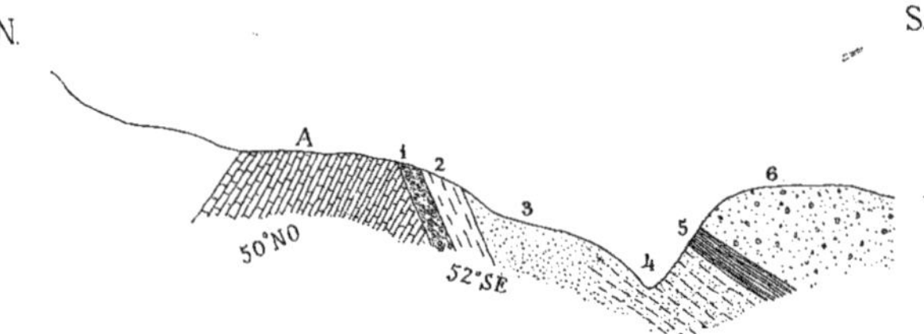

Fig. 5.—Coupe à 500 mètres au Sud 12° Ouest de Bom Jesus

A. Marnes rougeâtres infraliasiques et calcaire dolomitique; ce dernier en strates minces inclinées de 50° vers le Nord-Ouest.
1. Conglomérat tertiaire de pâte silico-calcaire.................................... 0ᵐ,50
2. Molasse calcaréo-ferrugineuse, avec des coquilles principalement de *Terebratula.* Cette couche est presque totalement couverte. Inclinaison de 52° vers le Sud-Est 1ᵐ,00
3. Sable et grès fin, argileux, micacé, à couleur ferrugineuse, avec des cailloux roulés....0ᵐ,50 à 1ᵐ
4. Sable à grain moyen, de coloration jaune-nankin, avec des intercalations de sable plus fin blanchâtre et dépourvu de débris organiques. Occupe une grande étendue .... 2ᵐ à 3ᵐ
5. Argile peu micacée, de couleur grisâtre avec des taches rougeâtres 0ᵐ,20
6. Grès argileux, de couleur ferrugineuse, avec petits cailloux. 5ᵐ,00

Ces sables et ces grès, couverts de sapinières, s'étendent au-delà de la voie ferrée jusqu'à disparaître au pied du massif jurassique qui s'élève vers l'Est. C'est également à Mr. Choffat que nous devons la première indication de ce dépôt fossilifère.

FAMALICÃO

En suivant dans la direction du Nord-Nord-Est, sans perdre de vue la limite des terrains mésozoïques avec les dépôts du groupe plus récent qui, depuis le voisinage de Caldas da Rainha, se dirige du côté de l'Ouest vers Nazareth, on remarque, en un point situé à environ 200 mètres au Nord 38° Ouest de l'église de Famalicão et à 1.500 mètres à l'Est du gisement précédent de Bom Jesus, un nouvel affleurement de roches mésozoïques sur une extension d'environ 180 mètres, avec des intercalations de calcaire dolomitique. On y observe des dépressions ou des poches pleines de concrétions dures de sables pliocéniques, au milieu desquels existent des moules et des empreintes de *Terebratula ampulla*, ainsi que quelques cailloux roulés; en suivant, toujours encore dans les anfractuosités des marnes infraliasiques de couleur rougeâtre, dont l'inclinaison vers le Sud-Est est de 34°, on voit de nouveau, dans la rampe qui descend dans la direction du village, des dépôts qui consistent en sables avec des restes de Polypiers, des fragments de *Pecten* et des empreintes d'autres rares fossiles pliocéniques en très mauvais état de conservation. En continuant toujours dans la même direction, on rencontre des sables fins d'un jaune foncé et très micacés, avec de grandes concrétions ferrugineuses très dures sur une épaisseur de près de 3 mètres; plus en avant on voit des sables jaunes avec de petits cailloux blancs, roulés, sur une étendue de 200 à 300 mètres et avec une épaisseur de 2 à 4 mètres.

Dans cette localité les fossiles pliocéniques sont très rares; la trouvaille d'un bon exemplaire de *Terebratula ampulla* par Mr. Choffat, alors qu'il se trouvait en excursion dans la région mésozoïque, a servi d'indicateur pour les recherches qui se sont effectuées plus tard et dont nous donnons maintenant le résultat.

En se dirigeant de Famalicão vers le Nord, soit dans la direction de Nazareth, soit dans celle de Vallado, on n'a pas pu rencontrer d'autres affleurements fossilifères, quoique cependant il soit possible qu'il en existe, masqués par des sables superficiels et par des alluvions. Ce n'est que bien plus loin et au bord de la mer que s'offre à nous l'avant dernier gisement que nous allons examiner.

SENHORA DA VICTORIA

A mi-distance entre Famalicão et Monte-Real, point situé au Sud du Liz, se trouve le dépôt pliocénique de Senhora da Victoria, qui repose également sur les dolomies et sur les marnes infraliasiques qui se montrent en une étroite bande littorale s'étendant de là jusqu'à S. Pedro de Muel.

Ce dépôt, très analogue aux précédents et à celui de Monte-Real, dont nous parlons ensuite, a fourni des cailloux de calcaire dolomitique, perforés par les lithodomes, ainsi que quelques échantillons variés de coquilles de Gastéropodes et d'Acéphales qui sont mentionnés plus bas; mais il n'a pas du tout fourni de Brachiopodes.

Nous donnons maintenant le croquis du complexe géologique de Senhora da Victoria. Ce fut Mr. Choffat qui le premier y a reconnu l'existence de dépôts pliocéniques et il en a donné notice en 1903 dans son travail, publié dans le t. v des *Communications de la Commission géologique*, intitulé *L'Infralias et le Sinémurien en Portugal*, et accompagné d'une planche. C'est à son amabilité que nous devons de pouvoir le reproduire.

Fig. 6.—Rocher de Nossa Senhora da Victoria, vu du Nord

1. Complexe marno-calcaire ayant l'aspect des marnes gypsifères de l'Hettangien.
2. Dolomie plus compacte.
3. Calcaire.
4. Pliocène: Sables micacés formant une couche d'environ 1 mètre, contenant des cailloux calcaires arrondis ayant de nombreux trous de coquilles perforantes et de débris de *Nassa, Triton, Turritella, Pholas, Saxicava, Petricola, Gastrana* et *Ostrea*, seule coquille fréquente. *Balanus*, fragments.
5. Sable micacé, plus ou moins agglutiné, avec quartzites de petite taille.
6. Lignite.

C'est le gisement pliocénique le plus proche de la mer dont nous ayons connaissance dans toute la région étudiée.

MONTE-REAL

Après avoir effectué les études qui eurent pour résultat le travail magistral intitulé *Le Crétacique supérieur au Nord du Tage,* publié en 1900, Mr. Choffat ajouta un appendice intitulé *Le Tertiaire entre Nazareth et le Mondégo,* dans lequel il donne un grand nombre d'observations très intéressantes sur l'analogie entre le Sénonien et certaines roches tertiaires reposant sur le Turonien, ce qui l'obligea à examiner ces roches pour démontrer leur âge.

Cependant dans cette partie du pays qu'il a étudiée il n'a reconnu aucun vestiges de roches du Pliocène marin, analogues à celles dont nous avons parlé, sinon à Senhora da Victoria et à Monte-Real.

Relativement à cette dernière localité, notre collègue dit ce qui suit[1] :

«En 1885, j'ai annoncé que Mr. Fréd. de Vasconcellos a découvert quelques fossiles dans les marnes de Barros-de-Carvide, près de Monte-Real, en admettant avec lui un âge pliocène ou quaternaire.

J'ai de nouveau mentionné cette découverte en 1889[2], en parlant d'un autre gisement fossilifère découvert par le même géologue à Monte-Real.

---

[1] *Le Crétacique supérieur au Nord du Tage,* p. 259.
[2] *Communications,* t. VII, p. 115.

Depuis lors j'ai eu l'occasion d'étudier ces gisements. Celui de Monte-Real est constitué par des poches fossilifères pliocènes dans les dolomies infraliasiques; c'est une faune marine analogue à celles dont j'ai mentionné la présence à Selir-do-Porto et à Aguas-Santas, il n'y a donc pas lieu d'en parler ici, car il ne peut pas avoir de confusion avec le Sénonien, ce qui par contre, peut-être le cas pour Carvide».

Les fossiles recueillis se trouvent donc dans des circonstances de gisements analogues à celles des localités précédentes. La mollasse de Monte-Real est cependant plus abondante en espèces que celle de Selir, Bom Jesus, Famalicão et Senhora da Victoria, probablement parce qu'ici il y avait des circonstances qui favorisaient mieux sa conservation et dont la première était sans doute la nature argileuse du terrain qui les contient.

La faunule reconnue dans cette localité a donné une cinquantaine de mollusques, parmi lesquels prédominent en proportion très élevée des Pélécypodes tels que: *Glycimeris glycimeris* Born, *Mactra solida* Linné, *Dosinia exoleta* Linné, *Cardita striatissima* Nyst, *Cardium aculeatum* Linné, *Arca mytiloïdes* Brocchi, *Pectunculus cor* Lamarck, *Pectunculus glycimeris* Linné, *Chlamys varius* Linné, *Chlamys excisus* Bronn, *Pecten opercularis* Linné, *Ostrea edulis* Linné, var. *sonora* Defrance, *Anomia ephippium* Linné; on n'a pas recueilli de Brachiopodes, et les Gastropodes se trouvent représentés principalement par des formes communes au gisement d'Aguas Santas.

Monte-Real est donc le point le plus septentrional d'où nous possédons des documents qui confirment l'existence du Pliocène marin ancien dans la région comprise entre Caldas da Rainha et la rive gauche du Rio Liz.

Après l'étude rapide des dépôts fossilifères pliocéniques dont nous avons pris connaissance au Nord du Tage, nous voyons que la faune marine recueillie sur une surface relativement étendue a une haute signification sous divers points de vue et en aurait davantage, si la dissolution d'une partie des fossiles d'une part, et la superposition de dépôts plus récents d'autre part, jointes à l'action de l'homme par la voie des cultures, ne contribuaient pas puissamment à en diminuer l'importance en ce qui concerne la conservation, la quantité et la facilité des récoltes.

L'examen des coupes a démontré que la puissance des gisements fossilifères se réduit à peu de mètres, exclusion faite des couches de sables superposées où l'on n'a pas rencontré de restes organiques, mais l'exploration persévérante des dits gisements nous a permis de réunir, en dépit des inconvénients signalés, une somme de documents qui, méthodiquement mis à profit, permettent à la faune pliocénique portugaise, dont la partie la moins riche est décrite et figurée dans le présent fascicule, de remplir une lacune très importante dans la littérature paléontologique contemporaine, attendu qu'elle est venue constituer le point de liaison jusqu'alors inconnu entre les faunes des dépôts de même âge de l'Europe septentrionale et celles des dépôts synchroniques de l'Europe méridionale et du Nord et du Nord-Ouest de l'Afrique, baignés par le Méditerranée et l'Atlantique.

Avant de terminer, nous devons attirer l'attention du lecteur sur ce que dit Mr. P. Choffat, à la fin de ses observations sur le Pliocène du Portugal:

«En terminant j'insisterai sur l'importance de ce Pliocène au point de vue des dislocations du sol du Portugal.

Il y a quelques années j'ai fait connaître des aires de dislocation d'un type spécial, auxquelles j'ai donné le nom de *Vallées* ou *aires tiphoniques*.

Or, les gisements de Selir et d'Aguas-Santas se trouvent dans une de ces vallées et permettent les déductions suivantes:

1° Les dislocations qui ont mis à nu l'Infralias sont antérieures au Pliocène.

2° Le fond de la vallée a subi un affaissement postérieur au Pliocène»[1].

Mr. Choffat a naturellement en vue les dislocations locales et non pas l'affaisement en masse qui a permis l'envahissement de la mer pliocène et le soulèvement qui a ensuite mis la région à nu.

---

[1] *Observations sur le Pliocène du Portugal,* p. 123.

DESCRIPTION DES FOSSILES

PELECYPODA

Famille I—PHOLADIDAE

ASPIDOPHOLAS RUGOSA Brocchi sp. (PHOLAS)

1814. *Pholas rugosa* Brocchi, Conch. foss. subap., ii, p. 594, pl. XI, fig. 12 *a–d*.
1826. — *Fayollesi* Defrance, Dict. des Sc. Nat., t. xxxix, p. 534.
1837. — *dimidiata* Dujardin, Mém. Touraine, p. 44, pl. XVIII, fig. 1.
1877. — — Duj. Benoist, Monog. Tubicolés du Sud-Ouest, xxxi, p. 320, pl. XX, fig. 12-14.
1901. *Aspidopholas rugosa* Broc. Sacco, I Moll. Terr. Terz., Part. xxix, p. 56, pl. XIII, fig. 56-60.
1901. — *dimidiata* Duj. Sacco, Id., Part. xxix, p. 56, pl. XIII, fig. 55.
1902. — *rugosa* Broc. Dollfus et Dautzenberg, Conch. Mioc. Moy. Loire, i, p. 60, pl. I, fig. 12-17.
1903. — sp.? Dollfus, Cotter et Gomes, Moll. Tert. Portugal, p. 26.

Testa ovalis, turgida, antice obsolete carinata; rugis flexuosis, transversis. (Brocchi).

Nous savions depuis longtemps la présence d'une espèce d'*Aspidopholas* dans le Tertiaire miocène du Portugal, et Sowerby, dans le travail de Smith sur les couches tertiaires du Tage, a signalé un *Pholas Branderi* qui est probablement le nôtre; mais il nous manquait les éléments pour une détermination précise. On trouve à Nadadoiro, perforant un calcaire marneux noirâtre, une forme d'assez bonne taille, dont nous avons sous les yeux des fragments suffisants pour reconnaitre l'espèce de Brocchi, correspondant bien à la figure 56, pl. XIII, de Mr. Sacco, mais trop incomplets pour être figurés; les fragments de Senhora da Victoria, dans une marne grise, ne sont pas meilleurs.

Le côté antérieur est atténué en avant et les stries régulières fines qu'on y observe passent à de gros plis au voisinage de l'angle saillant; dans la région centrale les sillons subperpendiculaires sont très fins et très nombreux; la calotte postérieure bien arrondie, de 20 mm. de diamètre, est entièrement lisse. On remarque à la charnière: un cuilleron recourbé, interne, spathuliforme, dirigé vers le côté postérieur; un vaste écusson calcaire, lisse, enveloppant, couvrait toute la région postérieure.

La variété *Fayollesi* Defrance correspond à une variété de petite taille, et le *Pholas pusilla* Brocchi (*non* Linné) à des échantillons de dimensions encore plus réduites; ces formes sont d'ailleurs bien différentes du *Pholadidea Brocchii* Pantanelli et du *Pholas Branderi* Basterot (*non* Benoist) qui se classent tout autrement.

L'*Aspidopholas rugosa* typique est connu en Italie du Plaisancien et de l'Astien, il fait suite à une longue série d'espèces développées depuis l'Eocène inférieur à travers l'Oligocène et le Miocène, jusqu'au seuil des mers actuelles, dans l'Europe occidentale.

Localités.—Nadadoiro, Senhora da Victoria.

PHOLAS (Barnea) PARVA Montagu

Pl. I, fig. 1 et 2

1803. *Pholas parva* Montagu, Testacea Brit., p. 22, pl. I, fig. 7 et 8.
1818. — *dactyloides* Lamarck, Anim. sans vert., v, p. 445.
1822. — *parva* Penn. Turton, Dithyra Brit., p. 9.
1822. — *tuberculata* Turton, Id., p. 5, pl. I, fig. 7 et 8. (anomalie).
1843. — *ligamentina* Deshayes, Traité Élém. Conch., I, p. 80, pl, III, fig. 11 et 12 (méd.).
1859. — *parva* Penn. Sowerby, Illustr. Ind. Brit. Shells, pl. I, fig. 10.
1867. — — — Weinkauff, Conch. des Mittelm., I, p. 8.
1874. — — — Wood, Crag Moll. supp. I, p. 164, pl. X, fig. 26 (bonne).
1881. — *crispata var. parva* Nyst, Conch. Terr. Tert. Belgique, III, p. 248, pl. XXVII, fig. 11 *a, b*.
1886. — *parva* Penn. Locard, Catal. Moll. viv. France, p. 367.
1886. — — — Kobelt, Prodr. Faunae Moll. Test. Europ., p. 301.
1900. — — — Pallary, Coq. mar. litt. Oran, Jour. Conch., p. 413, et var. *major*, fig. 19.
1905. — — — G. Dollfus, Faune Malac. Gourbesville, Etage Redonien, Ass. Fr. Av, Sc., p. 362.

Testa ovato-oblonga, angusta, utrinque hiantissima, alba, antice truncata, valvis tenuissime transversim lamellosis; lamellis undato-crispatis; umbonibus brevibus, intus callo producto cochleariformi, ossiculis internis brevissimis. (Deshayes).

Nous avons de Senhora da Victoria un échantillon un peu endommagé, qui mesure 30 mm. de long sur 15 mm. de haut. L'ornementation est très fine dans la région concave du sinus, elle devient plus forte et mieux gaufrée à l'extrémité du côté antérieur dont le bord est nettement crénelé; la callosité qui borde la région de la charnière est élargie dans la région centrale et dessine un repli transverse qui accompagne une autre callosité bien elliptique.

Comme le fait observer Locard, le *Pholas Dumortieri* de la molasse du Mont d'Or lyonnais (Fischer et Falsan, pl. I, fig. 3) est une espèce extrêmement voisine, mais de taille plus faible, à ornementation moins accusée. Par contre la variété *major* de M. Pallary atteint une longueur de 55 mm. sur 26 mm. de haut.

Il est à noter que Nyst, reprenant une vieille méprise de quelques anciens écrivains anglais, a pu croire que le *Pholas parva* était une variété du *Pholas crispata* L.; ces deux espèces sont bien distinctes, elles sont même classées aujourd'hui dans deux genres différents. Dans le *Pholas crispata* (genre Zirfaea) on trouve toujours un sillon médian oblique profond qui divise chaque valve en deux parties complétement distinctes, il n'y a pas de plaque solide accessoire, etc.

Ce que permet d'expliquer cette réunion, c'est qu'au fond l'erreur appartient à Pennant lui-même, et que la figure 13 de la pl. XL (page 77, édition 1777), donnée comme type du *Pholas parvus*, est en réalité un exemplaire jeune du *Pholas crispata* figuré au-dessous sous le n° 14. Nous avons comparé des exemplaires jeunes, doubles, des deux espèces du côté ventral représenté par Pennant et il ne nous reste aucun doute sur cette confusion. Da Costa, Donovan, ont donc vu juste en considérant le *Pholas parvus* de Pennant comme un jeune de *Pholas crispata* du même auteur, mais comme dès 1803 Montagu a décrit et figuré sous le nom de *Pholas parva* Pennant une autre espèce qui est bien la nôtre et celle à laquelle le nom est resté, il ne nous semble pas nécessaire, après plus de cent ans, de bouleverser cette nomenclature; il nous suffira, après l'avoir expliquée, de substituer le nom de Montagu à celui de Pennant comme *créateur réel de l'espèce et d'effacer de la liste des références* le renvoi à l'ouvrage de Pennant.

Le *Pholas parva* était rarement cité jusqu'ici à l'état fossile, seulement du Pliocène du Nord, nous le voyons descendant au Plaisancien jusqu'aux abords de la Méditerranée dans laquelle il semble n'avoir que bien peu pénétré. Son extension actuelle va des côtes de l'Angleterre à celle du Maroc, quelques gisements du Pleistocène doivent être relevés dans le Drift d'Irlande, les marnes de la Clyde, les boues de Bridlington, les sables de Waldringfield, toutes les côtes de la Bretagne et de la France atlantique, l'Espagne (Hidalgo), le Portugal (Nobre). Le *Pholas Julan* Adanson est une espèce très voisine vivant au Sénégal.

Localité.—Senhora da Victoria.

Famille II—SOLENIDAE

PHARUS LEGUMEN Linné sp. (SOLEN)

Pl. I, fig. 3 à 5

1767. *Solen legumen* Linné, Syst. Nat., xii, p. 1114.
1782. — — L. Chemnitz, Conch. Cab., t. vi, p. 49, pl. V, fig. 32-34.
1791. — — L. Poli, Testacea utriu. Siciliae, i, p. 19, pl. XI, fig. 15.
1835. — — L. Lamarck, Anim. sans vert. (Edit. Desh.), vi, p. 57.
1843. — — Deshayes, Traité Élem. Conchy., i, p. 110, pl. VI, fig. 8-10.
1859. *Ceratisolen legumen* L. Sowerby, Illustr. Ind. Brit. Shells, pl. II, fig. 11.
1859. *Polia legumen* L. (?) Hoernes, Foss. Moll. Wien, t. ii, p. 17, pl. I, fig. 15 *a, b*.
1867. *Ceratisolen legumen* L. Weinkauff, Conch. des Mittelm., i, p. 15.
1870. — — L. Hidalgo, Mol. marin. España, p. 179, pl. XVIII, fig. 4.
1893. *Pharus legumen* L. D. Pantanelli, Lamelli. Plio. Ital., p. 230.
1895. — — L. Bucquoy, Dautzenberg et Dollfus, Moll. du Roussillon, ii, p. 513, pl. LXXV, fig. 1-8.
1898. *Ceratisolen legumen* L. Almera et Bofill, Mol. foss. Plio. Catal., p. 163.
1900. *Pharus legumen* L. Pallary, Coq. mar. litt. Oran, Jour. Conch., t. xlviii, p. 406.
1901. — — L. Sacco, I Moll. Terr. Terz. Piem., part. xxix, p. 17, pl. IV, fig. 14-17.
1903. — — L. Dollfus, Cotter et Gomes, Moll. Tert. Portugal, p. 43. Tortonien de Cacella.

Testa lineari-ovali, recta, cardinibus bidentatis mediis; alterius bifido. (Linné).

Le type du *Solen legumen* est facile à établir, les figures citées par Linné et l'habitat méditerranéen sont d'accord, c'est une petite forme qui mesure 55 mm. de long sur 15 mm. de haut.

Var. *major* B.D.D. (*Moll. Roussillon*, pl. LXXV, fig. 5-8). Forme océanique qui mesure 115 mm. de long. sur 25 mm. de haut.

Var. *pliomagna* Sacco (pl. IV, fig. 14-17). Forme encore plus grande que la variété précédente, et atteignant 155 mm. de long sur 28 mm. de haut.

Il existe dans le Miocène une forme ancestrale de taille très petite qui a été nommée *Pharus Saucatsensis* par Desmoulins, elle est plus haute relativement à sa longueur, la charnière est plus forte et le renfort rayonnant interne bien plus robuste, prolongé longuement, nous en avons parlé dans notre étude des coquilles du Miocène moyen du bassin de la Loire; mais nous doutons aujourd'hui que la référence de Hoernes puisse lui être attribuée.

Le *Pharus legumen* est assez bien représenté dans les fossiles du Portugal, nous avons de Nadadoiro et de Negreiro toute une série d'échantillons, le plus grand a 66 mm. de longueur et 17 mm. de haut, la charnière est à 23 mm. du bord postérieur et à 45 mm. du bord antérieur; la dent centrale est médiocre, les gouttières latérales sont profondes et prolongées, le renfort interne fortement enraciné sous la charnière s'avance obliquement du côté antérieur sans atteindre le bord palléal en diminuant rapidement d'importance. Les lignes d'accroissement sont parallèles entre elles et reproduisent le contour général.

D'autres fragments prouvent que cette espèce existait également à Aguas Santas et à Selir do Porto.

Le *Ph. legumen* assez répandu dans le Pliocène méditerranien (Plaisancien et Astien): en Italie, dans les Alpes maritimes, la Catalogne, la Sicile; n'avait pas encore été signalé dans le Pliocène atlantique.

Il est connu dans les mers actuelles depuis les côtes méridionales sableuses d'Angleterre jusqu'à celles du Maroc, il occupe aussi toute la Méditerranée. Une espèce très voisine a été signalée au Sénégal et se propagerait jusqu'au Cap de Bonne Espérance.

Localités.—Aguas Santas, Negreiro, Nadadoiro, Selir do Porto.

ENSIS SILIQUA Linné sp. (Solen)

Pl. I, fig. 6 à 8

1767. *Solen siliqua* Linné, Syst. Nat., xii, p. 1113.
1778. — — L. Da Costa, Brit. Conch., p. 235, pl. XVII, fig. 5.
1791. — — L. Poli, Test. utriu. Siciliae, i, p. 9, pl. I, fig. 10; pl. X, fig. 11 et 12.
1822. — — I.. Turton, Dithyra Brit., p 80, pl. VI, fig. 6.
1835. — — L. Lamarck, Anim. sans vert. (Edit. Desh.), vi, p. 55.
1844. — — L. Deshayes, Traité Élém. de Conch., i, p. 105, pl. VI, fig. 1-3.
1844. *Ensis complanatus* Sowerby, Mineral Conchol., pl. DCXLII, fig. 2-4.
1857. *Solen gladiolus* Gray. Wood, Crag Moll., ii, p. 254, pl. XXV, fig. 8.
1857. — *siliqua* L. Wood, Id., p. 255, pl. XXV, fig. 7.
1859. — — L. Sowerby, Illust. Index Brit. Shells, pl. II, fig. 15.
1870. *Ensis* — L. Hidalgo, Mol. marin. España, p. 179, pl. XXVIII, fig. 3.
1881. — — L. Nyst, Conch. Terr. Tert. Belgique, iii, p. 232, pl. XXV, fig. 9.
1895. — — L. Bucquoy, Dautzenberg et Dollfus, Moll. Roussillon, ii, p. 506, pl. LXXIV, fig. 1-4.
1900. — — L. Pallary, Coq. mar. litt. Oran, Jour. Conch., t. xlviii, p. 406.

Testa lineari recta, cardine altero bidentato. (Linné).

Les références de Linné sont utiles pour éclairer une diagnose aussi courte, elles sont assez homogènes, l'échantillon conservé dans la collection même de Linné concorde, d'après Hanley, avec la figure de Wood dans son *General Conchology*, pl. XXVI, fig. 1. C'est une forme grande, de l'Atlantique, qui mesure 140 mm. de long sur 18 mm. de haut, et qui atteint même 200 mm. de longueur.

Il se distingue de *S. marginatus* par l'absence de l'étranglement antérieur et par sa charnière qui possède deux dents au lieu d'une. Il se distingue du *S. ensis* par sa forme droite et non arquée, par sa hauteur moindre et ses extrémités moins arrondies.

Il faut noter diverses variétés:

Var. *gladiolus* Gray, 1839, qui avait paru à Wood, au premier abord, une espèce différente et qui est caractérisée par l'élargissement du côté postérieur et par sa charnière plus robuste.

Var. *arcuata* Jeffreys, 1865, forme plus petite et plus ou moins courbée, toujours haute proportionnellement à sa longueur.

Var. *minor* Monterosato, 1878, désignation applicable à tous les spécimens de la Méditerranée qui n'atteignent jamais la taille de ceux de l'Océan (*Moll. Roussillon,* pl LXXIV, fig. 4). Taille 100 mm. sur 15 mm. de haut.

Nous avons un exemplaire incomplet de Nadadoiro, mais il est bien caractérisé; les bords sont bien parallèles, le côté antérieur obliquement arrondi sans trace d'aucun pli, la charnière subterminale pourvue de 2 dentelons bien accusées, on peut estimer sa longueur à 70 mm. sur 18 mm. de haut; il rentre dans la variété *minor* Monter.; un autre fragment de Monte Real a été figuré.

L'histoire géologique de l'*Ensis siliqua* est encore assez obscure. Nous ne connaissons aucune citation authentique du Miocène, pendant le Pliocène l'espèce est fort peu répandue dans de Midi, elle est citée par Ponzi des environs de Rome, par Sequenza en Calabre, par Campanyo dans le Roussillon [1], dans le Nord elle est signalée des Crags supérieurs et lits glaciaires d'Irlande, d'Angleterre et de Belgique; c'est une espèce de mer froide et à l'époque actuelle son extension est sur les côtes de la Norvège, de l'Écosse et les rivages atlantiques jusqu'au détroit de Gibraltar; elle pénètre dans la Méditerranée, mais son introduction y est probablement relativement récente. On la cite de l'Amérique du Nord, mais cet habitat est à confirmer.

Localités.—Nadadoiro, Monte-Real.

---

[1] Il est possible qu'on doive rattacher à cette espèce quelques-uns des *Solen marginatus* de l'Astien, figurés par Mr. Sacco, qui paraissent dépourvus de pli postérieur comme pl. V, fig. 3.

Famille III—GASTROCHAENIDAE

Gastrochaena sp?

Nous avons de Senhora da Victoria un fragment de tube syphonal de Gastrochène d'assez forte taille, mais, en absence des valves, nous ne pouvons lui attribuer aucune indication spécifique.

Localité.—Senhora da Victoria.

Famille IV—GLYCIMERIDAE

GLYCIMERIS GLYCIMERIS Born. sp. (MYA)

Pl. I, fig 9 à 11

1780. *Mya glycymeris* (*Aldrovandi*) Born., Musei Caesarei Vindob., p. 20, pl. I, fig. 8. (méd.).
1782. — — — Chemnitz, Conch. Cab., t. vi, p. 33, pl. III, fig. 25, (bonne).
1788. — — Ch. Gmelin, Syst. Nat., xiii, p. 3222.
1799. *Glycimeris glycimeris* Born. Lamarck, Prodr. Classific. Coq., i, p. 83.
1808. *Panopaea Aldrovandi* Ménard, Ann. du Musée, t. ix, p. 131.
1808. — *Faujasi* Ménard, Id., pl. XII.
1814. *Mya panopaea* Brocchi, Conch. foss. subap., p. 532.
1818. *Panopaea Aldrovandi* Lamarck, Anim. sans vert., t. v, p. 457.
1836. — — Mén. Philippi, Enum. moll. Siciliae, i, p. 7, pl. II, fig. 2.
1836. — *Faujasi* Mén. Philippi, Id., p. 7, pl. II, fig. 3.
1839. — — Mén. Valenciennes, Descrip. de la Panopée australe, p. 13.
1839. — *Aldrovandi* Mén. Valenciennes, Id., p. 9, pl. IV, fig. 1 *a*, *b*.
1840. — *Faujasi* Mén. Goldfuss, Petref. Germ., ii, p. 275, pl. 159, fig. 1 *a*, *b*, *c*.
1857. — — Mén. Wood, Crag Moll., ii. p. 283, pl. XXVII, fig. 1 *a*, *b*, *c*. (*tantum*).
1867. — *glycimeris* Born. Weinkauff, Conch. des Mittelm., ii, p. 22.
1870. — — Born. Mayer, Moll. tert. Musée Zurich, iv, p. 39.
1870. — — Born. Hidalgo, Mol. marin. España, p. 177, pl. LXXI, fig. 1 et 2.
1881. — *Faujasi* Mén. Nyst., Conch. Terr. Tert. Belgique, iii, p. 24, pl. XXVI, fig. 5.
1889. — *glycimeris* Born. Monterosato, Coq. marit. marocaines, Jour. Conch., t. xxxvii, p. 26.
1900. *Glycimeris Aldrovandi* Mén. Pallary, Coq. mar. litt. Oran (Jour Conch., vol. xlviii, p. 410).
1901. — *Faujasi* Mén. Sacco, I Moll. Terr. Terz. Piem., part. xxix, p. 41, pl. IX, fig. 44; pl. X, fig. 1–3; pl. XI, fig. 1 et 2.
1903. — — Mén. Dollfus, Cotter et Gomes, Moll. tert. Portugal, pl. II, fig. 5, p. 28.
1907. *Panopaea* — Mén. Dautzenberg et de Lamothe, Marnes plaisanc. d'Alger. Bull. Soc. Géol. Fr., t. vii, p. 500.
1907. *Glycimeris* — Mén. G. Dollfus, Faune malac. de Montaigu (Vendée). Ass. Fr. Av. Sc., Reims, p. 345.

Testa umbonata, extremitatibus oblique truncatis, dente antico crassissimo, longitudine ligamenti. (Born).

P. Aldrovandi.—*Testa maxima, ovato-oblonga, inflata, utrinque valde hiante, latere antico breviore, oblique truncato.* (Philippi).

P. Faujasi.—*Testa maxima, ovato-oblonga, inflata, antice vix hiante, rotundata.* (Philippi).

Nous avons repris en entier l'histoire de cette espèce et compulsé à nouveau tous les livres et toutes nos collections [1]. Il est indispensable de traiter cette forme comme nous avons fait pour toutes les autres, en précisant le type et en examinant ses variations, n'acceptant comme espèce qu'un groupe homogène d'individus, qu'une forme n'offrant aucun passage à des formes voisines. Déjà cette préoccupation tenait à l'esprit de Valenciennes quand il écrivait (page 15), n'ayant vu qu'un nombre de spécimen trop restreint: «si on place le *Panopaea Faujasi* comme une variété de *P. Aldrovandi*, il deviendra difficile de préciser ce qu'on appellera variété ou ce qu'on élèvera au rang d'espèce; les naturalistes qui se rangeront à l'opinion de Mr. Deshayes devront faire du *P. Faujasi* une variété tellement distincte qu'il en résulte plus clair de la regarder comme une espèce séparée».

En fait, comme l'a déjà fait observer Mr. Sacco, l'origine de cette espèce doit être recherchée dans la petite forme du Miocène désignée par Deshayes sous le nom de *P. Menardi*, la taille augmente dans le Pliocène et nous atteignons le *P. Faujasi*, enfin dans la Méditerranée actuelle et l'entrée de l'Atlantique la taille devient gigantesque et c'est le *Mya glycymeris* d'Aldrovande devenu le *P. Aldrovandi* de Ménard.

D'autre part la forme originale donne des variétés dans des directions diverses aux divers âges et dans les différents pays, et c'est avec beaucoup de peine qu'on arrive à noter toutes les variations d'Europe marchant parallèlement avec les variations d'Amérique, du Miocène aux mers actuelles.

Le type même est sujet à discussion, la figure de Born est médiocre, elle représente un grand exemplaire presque équilatéral, la figure de Gualtieri est meilleure, celle de Lister représente une forme tronquée très différente des précédentes. Mais nous avons aussitôt après la figure de Chemnitz qui est bonne, elle représente un individu ayant 140 mm. de long sur 90 mm. de hauteur, coupé obliquement du côté postérieur et qui n'est pas fort éloigné des échantillons fossiles du Portugal.

Philippi s'est longuement étendu sur les différences existentes entre le *P. Aldrovandi* Ménard de la Groye, (qui n'est qu'un changement de nom contraire aux règles de la nomenclature), et le *P. Faujasi* du même auteur, décrit comme fossile d'Italie. Pour lui le type est une espèce baillante des deux côtés ayant le côté postérieur court et obliquement tronqué. Le *P. Faujasi* au contraire a un test plus épais, le côté postérieur n'est pas obliquement tronqué et il est à peine baillant. Malheureusement ce double caractère n'est pas constant, nous avons justement du Portugal des échantillons fossiles dont le côté postérieur est obliquement tronqué, mais dont les valves ne sont pas baillantes pour cela.

Charles Mayer a expliqué que le *P. Faujasi* n'est que le *P. glycimeris* incomplètement développé. Quand on examine la disposition des lignes d'accroissement on voit qu'elles sont sensiblement plus serrées dans la région obliquement tronquée et qu'à l'état jeune le contour était curviligne.

Pour apprécier les rapports et différences du *G. glycimeris* et du *G. Ménardi* Desh. ou pourra se reporter à notre note récemment parue dans les Actes de la Société Linnéenne de Bordeaux (1909, t. LXII, p. 4, pl. XV).

Pour nous résumer nous considèrerons comme *G. glycimeris* typique la figure de Valenciennes (pl. IV, fig. 1 *a*, 1 *b*) de forte taille, mesurant 175 mm. de long sur 93 mm. de haut, très inéquilatérale, à côté postérieur tronqué obliquement, baillante. Le nom de var. *Faujasi* restant attaché à des spécimens plus petits, à côtés latéraux arrondis, peu baillants.

Nous rattachons au type les bonnes figures de Mr. Hidalgo, celles de Goldfuss qui mesurent 120 mm. sur 75 mm., etc., et qui conviennent aux échantillons de Negreiro.

La figure de Pereira da Costa est un peu trop haute par rapport à sa longueur, mais il faut tenir compte que dans le genre *Panopaea* on trouve rarement deux exemplaires identiques.

Les figures de Sacco (pl. IX, fig. 44; pl. X, fig. 1–3) représentent bien la var. *Faujasi*, ils mesurent 150 mm. de long sur 98 mm. de haut, la forme est arrondie et peu baillante, la fig. 1 et 2 (pl. XI) représentent des individus jeunes subéquilatéraux.

Var. *elongata* Sacco (pl. XI, fig. 3) a le côté postérieur arrondi, elle a 150 mm. de long sur 83 mm. de haut.

---

[1] On trouvera l'historique du *G. Glycimeris* dans une note publiée par l'un de nous, il y a peu d'années, avec le concours de Mr. Dautzenberg, (Jour. Conch., t. LII, p. 109, 1904), répondant à une attribution toute contraire de Mr. Dall.

Var. *colligens* Sacco (pl. XI, fig. 4) a le côté postérieur obliquement tronqué, elle se rapproche étroitement du type, tel que nous l'avons défini.

Les variétés *transiens* et *subnorvegica* passent à toute une série de formes tronquées dans la région antérieure, habitant les mers froides et constituant un rameau séparé bien distinct qui n'est pas représenté jusqu'ici au Portugal et que nous n'avons pas à étudier présentement.

La var. *gentilis* Sowerby, 1840 (Wood, *Crag Mollusca,* pl. XXVII, fig. 1 *d, e*) représente au contraire des échantillons d'une taille médiocre, de forme transverse, subcylindriques qui avoisinent le *P. Menardi.* (*Min. Conch.,* t. vII, vol. supplémentaire, pl. DCX et DCXI, avec un rappel des *Panopœa* connues).

Mr. de Monterosáto (*Journ. de Conch.,* 1889, p. 26), dans un examen de quelques coquilles du Maroc, pense que le *P. glycimeris* de Born est la forme océanique figurée par Reeve sous le nom de *P. Aldrovandi,* tandis que l'espèce de la Sicile est le *P. Faujasi* et correspond à la figure que Reeve a donné sous ce nom; comme d'ailleurs il règne, dit-il, une grande confusion dans le nom des formes siciliennes vivantes et fossiles, il propose le nom de *P. cyclopana* destiné à les réunir toutes, mais il n'apporte ancune preuve à cette manière de voir. Emilien Dumas a signalé en 1875 le *P. Aldrovandi* à l'état subfossile dans l'ancien cordon littoral pleistocène des environs de Montpellier.

Dans les mers actuelles l'espèce n'est jamais abondante, elle habite à une profondeur déjà grande sans avoir cependant jamais été atteinte par les dragages des grands fonds; elle est signalée surtout de la Méditerranée occidentale, et dans l'Atlantique sur les côtes du Portugal et du Maroc, les citations des côtes britanniques sont erronées (Forbes et Hanley).

Localités.—Aguas Santas, Negreiro, Monte-Real.

Famille V—MYIDAE

SPHAENIA ANATINA Basterot sp. (Saxicava)

1825. *Saxicava anatina* BASTEROT, Mém. Géol. env. Bordeaux, p. 92.
1859.　　—　　　　—　　　BAST. HOERNES, Foss. Moll. Wien., II, p. 26, pl. III, fig. 2.
1873.　　—　　　　—　　　BAST. BENOIST, Catal. meth. foss. La Brède, p. 19.
1874. *Sphaenia*　　—　　BAST. GAUDRY, Fischer, Tournouër, Anim. foss. Mont Léberon, p. 172.
1901.　　—　　cfr. *Binghami* SACCO, I Moll. Terr. Terz. Piem., part. XXIX, p. 33, pl. V, fig. 34 (*tantum*).
1902.　　—　　*anatina* BAST. DOLLFUS et DAUTZENBERG, Conch. Mioc. moy. Loire, p. 70, pl. II, fig. 1-9.

Testa transverse striata; forma variabili, nunc hiante, nunc fere clausa; dente in una valca calloso, in altera lamelloso. (Basterot) Saucats.

Nous considérons cette espèce comme bien distincte du *Sphaenia Binghami,* espèce vivante des mers du Nord, dont le côté postérieur est prolongé rectangulairement et caréné, et le côté antérieur obliquement anguleux.

Sphaenia anatina dont nous n'avons qu'un échantillon sous les yeux, mesure 10 mm. de long sur 6 mm. de hauteur, il est cependant parfaitement reconnaissable, c'est une espèce un peu bossue, prolongée en bec de flûte du côté postérieur, arrondie du côté antérieur, couverte de sillons concentriques irréguliers; la charnière est pourvue d'une seule dent lamelleuse couchée, prolongée, saillante comme celle des Myes. Nous sommes disposés à considérer le *Sphaenia lamellosa* Stefani et Pantanelli (Moll. plioc. Siena, p. 16, Pl. IX, fig. 4-8) comme une espèce distincte et non comme une variété ainsi que l'a indiqué Mr. Sacco; de la même manière nous avons isolé le *Sphaenia testarum* Bonelli, espèce cylindrique à extrémités subéquilatérales que nous avons retrouvé en Touraine (Conch. Mioc. Loire, Pl. II, fig. 10-13), de telle sorte qu'il ne resterait, à nos yeux, dans toutes les figures de Mr. Sacco que celles (Pl. V, fig. 31-34) comme représentant réelment le *Sphaenia anatina,* Basterot.

2

Cette espèce est connue du Miocène du Bordelais, de la Touraine, de l'Italie, de la Suisse, de l'Autriche, elle se maintient dans le Pliocène inférieur de la vallée du Rhône et en Italie, mais semble s'être éteinte avec lui. Sa découverte dans le Plaisancien du Portugal est un point intermédiaire très important.

Localité.—Senhora da Victoria.

CORBULOMYA MEDITERRANEA Costa sp. (TELLINA)

Pl. I, fig. 12-13

1829. *Tellina mediterranea* O. G. Costa, Catal. Syst. Napol., p. 14-26, pl. I, fig. 6.
1836. *Corbula mediterranea* Costa. Philippi, Enum. Moll. Siciliae, i, p. 17, pl. I, fig. 18; ii, p. 12.
1867. *Corbulomya mediterranea* Costa. Weinkauff, Conch. des Mittelm., i, p. 24.
1870. — — Costa. Hidalgo, Mol. marin. España, p. 176.
1886. — — Costa. Locard, Prodr. de Malac. franc., p. 385.
1893. — — Costa. D. Pantanelli, Lamellib. plioc. Italia, p. 243.
1896. — — Costa. Bucquoy, Dautzenberg et Dollfus, Moll. Roussillon, ii, p. 586, pl. LXXXV, fig. 24 et 25.
1904. — — Costa. Almera, Playa de cuaternario antiguo (Mem. Acad. Barcelona, iv, p. 9).

Testa minuta, oblonga, tenui, laevi; flavescente, croceo aut spadiceo-radiata. (Philippi).

Le *Corbulomya mediterranea* est bien peu connu jusqu'ici à l'état fossile, nous le voyons cité seulement du Pliocène du Livournais (Appelius), de Monte Mario près Rome (Conti), de la Calabre et de la Sicile (Seguenza), mais il existe dans le Pliocène du Nord une espèce beaucoup plus grande, le *Corbulomya complanata* Sow. et, dans le Miocène de la Loire et de la Gironde une autre grande forme extrêmement voisine, le *C. turonensis*.

A l'état vivant nous ne connaissons jusqu'ici que des citations méditerranéennes. La découverte d'un spécimen à Aguas Santas dans le Pliocène atlantique est donc doublement intéressante. Sa taille est de 12 mm. de long sur 4 mm. de haut, c'est une espèce transverse, ovalaire, inéquilatérale, le côté antérieur est court et le corselet limité par une crête oblique; le côté postérieur, rectiligne au sommet, se termine par une courbe arrondie qui se relie à un bord palléal bien convexe, régulier; toute la surface est couverte de stries régulières d'accroissement. La charnière (valve droite) est munie d'une dent cardinale bifide lamellaire très saillante, contiguë à une échancrure triangulaire profonde remontant vers le centre du crochet.

Notre détermination est confirmée par la confrontation avec des exemplaires vivants de localités diverses. Plusieurs variétés sont connues:

Var. *minor* Monterosato, ayant moins 8 mm. de diamètre antéro-postérieur.

Var. *decurtata* Monterosato (*Moll. Roussillon*, pl. LXXXV, fig. 30–33). Forme de petite taille, très haute relativement à sa longueur.

Var. *solidula* Monterosato (*Moll. Roussillon*, pl. LXXXV, fig. 34 et 35). Test plus épais, forme petite mais robuste.

Bien que de taille très supérieure à celle du type, nous ne voyons pas la nécessité de créer une variété nouvelle pour notre échantillon.

Localité.—Aguas Santas.

Famille VI—PSAMMOBIIDAE

PSAMMOBIA VESPERTINA Chemnitz sp. (SOLEN)

Pl. I, fig. 14-15

1782. *Solen lux vespertina* CHEMNITZ, Conch. Cab., VI, p. 72, pl. VII, fig. 59 et 60.
1788. — *vespertina* GMELIN, Syst. Nat., XIII, p. 3228.
1791. *Tellina gari* POLI (*non* Linné), Test. utriu. Siciliae, I, p. 41, pl. XV, fig. 19, 21 et 23.
1848. *Psammobia vespertina* LAMARCK, Anim. sans vert., t. v, p. 513.
1857. — — Chem. WOOD, Crag Moll., II, p. 222, pl. XXII, fig. 2 *a, d.*
1859. — — Chem. SOWERBY, Illust. Index Brit. Shells, pl. III, fig. 4.
1870. — — Chem. HIDALGO, Mol. marin. España, p. 162, pl. LXX, fig. 1–5.
1895. — *depressa* Pennant. BUCQUOY, DAUTZENBERG et DOLLFUS, Moll. Roussillon, II, p. 485, pl. LXXI, fig. 1–7.
1901. — *vespertina* Gmel. SACCO, I Moll. Terr. Terz. Piem., part. XXIX, p. 10, pl. II, fig. 1 et 2.

Testa ovali oblonga, spadiceo-radiata, cardinis sinistrae valvae dente solitarium duplici, alterius inserto. (Gmelin).

Le type du *Psammobia vespertina,* tel qu'il a été figuré par Chemnitz, représente une forme transverse, rectangulaire, à angles arrondis, mesurant 45 mm. de long sur 25 mm. de largeur.

Un grand nombre de paléontologues, d'après Mr. Sacco, ont confondu cette espèce avec la variété *major* du *Ps. affinis* Dujardin et les citations fossiles certaines sont ainsi peu nombreuses. Wood a figuré un échantillon qu'il qualifie de monstrueux et qu'on pourrait mieux désigner comme var. *robusta* [pl. XXII, fig. 2 *a, b* (*tantum*)]. Largeur 65 mm., hauteur 35 mm.

On distingue facilement cette espèce du *Ps. Labordei* par sa taille qui est toujours moindre, sa hauteur relativement plus grande, par sa charnière à dents bien plus fortes, tandis que le contrefort ligamentaire est sensiblement plus réduit, enfin par l'angle bien déclive du côté antérieur.

La fig. 1 de Mr. Sacco représente un exemplaire non typique, trop peu élevé, ayant seulement 22 mm. de haut sur 44 mm. de long. Il n'est pas possible de porter un jugement sur sa variété *pliominor,* fig. 2, dont il est impossible de saisir les caractères; par contre nous assimilons à la *Ps. vespertina* typique les fig. 3 et 4 que Mr. Sacco a nommées *Ps. taurovata* et qui correspondent exactement aux mesures données par Chemnitz et avec nos exemplaires vivants.

De très nombreuses variétés de coloration, relevées par les auteurs sur les exemplaires vivants, sont ici sans intérêt. Peut-être il sera nécessaire de revenir au nom de Pennant qui est plus ancien. (1777, *British Zoology,* t. IV, p. 87, pl. XLVII, fig. 27, *Tellina depressa*). Mais cette discussion nous entrainerait trop loin.

Un bel échantillon de Nadadoiro mesure 60 mm. de long sur 34 mm. de haut, bien arrondi du côté postérieur il se termine en un angle obtus du côté antérieur, les stries d'accroissement sont espacées, fortes et irrégulières, deux dents cardinales symétriques trigones laissent entre elles une fossette profonde rectangulaire.

D'autres spécimens très peu convexes montrent d'obscures rayons du côté antérieur et un contrefort ligamentaire réduit.

Le *Psammobia vespertina* n'est guère connu jusqu'ici que du Pliocène: Plaisancien et Astien, tant en Italie qu'en Angleterre.

A l'état vivant il est répandu à une faible profondeur depuis les côtes de Norvège, d'Angleterre, de France et de Portugal jusqu'au Maroc, il occupe toute la Méditerranée; sa présence au Sénégal est probable, et Sowerby l'annonce jusqu'au Cap de Bonne Espérance.

Localité.—Nadadoiro.

Famille VII—MACTRIDAE

EASTONIA RUGOSA Chemnitz sp. (MACTRA)

Pl. I, fig. 16-17

1782. *Mactra rugosa* CHEMNITZ, Conch. Cab., vi, p. 236, pl. XXIV, fig. 236.
1789. — — Chem. GMELIN, Syst. Nat., xiii, p. 3261.
1843. *Lutraria rugosa* Chem. DESHAYES, Traité Élém. Conch. i, p. 270, pl. X, fig. 7 et 8.
1857. — — Chem. WOOD, Crag. Moll., ii, Appendix, p. 325, pl. XXXI, fig. 26,
1858. — — Chem. HOERNES, Foss. Moll. Wien, ii, p. 55, pl. V, fig. 4 *a, b, c.*
1877. — — Chem. HIDALGO, Mol. marin. España, p. 171, pl. VI, fig. 3.
1897. *Eastonia* — Chem. DOUXAMI, Terr. Tert. Dauphiné (thèse), p. 208, pl. IV, fig. 16.
1897. — — Chem. MELI, Sulia Eastonia rugosa (Boll. Soc. Romana Zool., p. 63, pl. unique, fig. 1).
1900. — — Chem. PALLARY, Coq. mar. litt. Oran (Jour. Conch., t. xlviii, p. 408).
1901. — — Chem. SACCO, I Moll. Terr. Terz. Piem., part. xxix, p. 28, pl. VII, fig. 1 et 2).
1902. — — Chem. DOLLFUS et DAUTZENBERG, Conch. Mioc. Moy. Loire, i, p. 94, pl. IV, fig. 1 et 2.

Testa ovato oblonga, longitudinaliter dense striata et quasi costata, area antica et postica glabrata, obsolete transversim striata, margine exteriore crenulato. Cadix (Chemnitz).

La figure typique de Chemnitz représente une grande forme qui a 65 mm. de long sur 47 mm. de haut, les ornements rayonnants sont très forts et prédominants sur les sillons transverses, mais ils s'effacent presque complètement sur les régions latérales. Les figures données comme type par Mr. Sacco (pl. VII, fig. 1 *a, b* et 2 *a, b*) sont de taille bien plus grande ayant 90 mm. de long sur 70 de haut et peuvent constituer pour nous une variété *major*, les côtes rayonnantes sont plus nombreuses et plus fines, le gisement est l'Astien.

La var. *longovata* Sacco (pl. VII, fig. 3) aussi de l'Astien, représente une forme ovalaire, nettement transverse, ayant 70 mm. de long sur 50 mm. de haut, les rayons sont faibles et disparaissent dans les régions latérales.

La figure d'Hidalgo est bonne et à peu près typique, les rayons centraux sont très forts et dominent les côtes; dans la figure donnée par Deshayes les rayons sont un peu plus faibles, la forme générale toujours bien ovalaire; tout à côté se classe la figure de Hoernes dans laquelle les sillons concentriques apparaissent moins forts; c'est encore bien la figure de Mr. R. Meli, 65 de long sur 45 mm. de haut.

L'exemplaire de la Touraine que nous avons figuré (pl. IV, fig. 1 et 2) représente un individu ovale, transverse, de 63 mm. de long sur 44 mm. de haut, à rayons nombreux et serrés disparaissant latéralement, ces différences nous portent à croire aujourd'hui que l'*E. mitis* de Mayer n'est qu'une variété du Miocène inférieur correspondant presque à notre type.

L'échantillon de Nadadoiro que nous avons sous les yeux est de grande taille, à test épais, il mesure 67 mm. de long sur 55 mm. de haut, les côtes rayonnantes sont moins apparentes que les sillons transverses, elles sont limités à la région postérieure; le plateau de la fossette cardinale est très fort, saillant et profondément creusé, il s'appuie latéralement sur des aires cardinales ligamentaires robustes; plus voisin de la var. *major* que de toute autre figure.

L'*Eastonia rugosa* débute dans le Miocène, signalé dans la plupart des bassins sans être abondant dans aucun d'entre eux. Mr. R. Meli en découvrant quelques exemplaires vivants sur la côte d'Italie en a fait l'objet d'une recherche bibliographique très étendue. Il paraît plus commun dans l'Astien que dans le Plaisancien, et sa distribution actuelle est limitée aux côtes de Portugal, au détroit de Gibraltar, à la Méditerranée occidentale, au Sénégal et aux îles de l'Atlantique: Canaries et Cap Vert (Fischer).

Localités.—Nadadoiro, Monte-Real.

LUTRARIA LUTRARIA Linné sp. (MYA)

Pl. II, fig. 1 à 6

1758. *Mya lutraria* LINNÉ, Syst. Nat. Édit., x, p. 670.
1767. *Mactra lutraria* LINNÉ, Id., XII, p. 1126.
1782. — — Lin. CHEMNITZ, Conch. Cab., VI, p. 239, pl. XXIV, fig. 240 et 241.
1818. *Lutraria elliptica* LAMARCK, Anim. sans vert., t. v, p. 468.
1850. — — Lam. WOOD, Crag Moll., II, p. 251, pl. XXIV, fig. 1.
1859. — — Lam. SOWERBY, Illustr. Ind. Brit. Shells, pl. IV, fig. 2.
1870. — — Lam. HIDALGO, Mol. marin. España, p. 170, pl. VI, fig. 2.
1879. — — Lam. FONTANNES, Moll. Plioc. Rhône, II, p. 24, pl. II, fig. 1 et 2.
1884. — — Lam. NYST, Conch. Terr. Tert. Belgique, p. 219, pl. XXIV, fig. 5.
1896. — *lutraria* Lin. BUCQUOY, DAUTZENBERG et DOLLFUS, Moll. Roussillon, II, p. 566, pl. LXXXIII, fig. 1-6.
1901. — — Lin. SACCO, I Moll. Terr. Terz. Piem., part. XXIX, p. 28, pl. VII, fig. 5 et pl. VIII, fig. 1.
1902. — — Lin. DOLLFUS et DAUTZENBERG, Conch. Mioc. moy. Loire, I, p. 101, pl. V, fig. 7 et 8.
1903. — — Lin. DOLLFUS, COTTER et GOMES, Moll. Tert. Portugal (planches Costa), pl. IV, fig. 5.
1907. — — Lin. G. DOLLFUS, Faune malac. Redonien de Montaigu (Vendée). Ass. Fr. Av. Sc., Reims, p. 345.
1907. — — Lin. DAUTZENBERG et DE LAMOTHE, Marnes plaisanc. d'Alger, Bull. Soc. Géol. Fr., t. VII, p. 500.

Testa oblongo-ovata, cardinis dente depresso, parallelo rotundato denticuloque erecto emarginato. Cardo utriusque testae (in ventre jacentis) non attollitur, sed horizontalis est, cum accessorio dente sursum rigente plicato. (Linné).

Le type de cette espèce est important à fixer, la collection de Linné ne peut nous servir dans cette circonstance, car Hanley nous apprend, sauf erreur. que c'est une *Lutraria oblonga* qui s'y trouve placée comme *Mactra lutraria*, et il renvoie pour cela à une figure de Brown qui représente incontestablement le *Lutraria lutraria*. Mais la référence originale à Lister (*Historia animalium angliae*, p. 170, 1678, pl. IV, fig. 19) est suffisante, elle représente du côté interne une grande coquille ayant 117 mm. de long sur 62 mm. de haut, régulièrement elliptique, la charnière un peu excentrique est pourvue d'une fossette triangulaire centrale oblique, dont le côté postérieur est bien perpendiculaire vers le bord palléal. Le type est donc elliptique-ovalaire, assez haut comme l'indique également la figure de Chemnitz, c'est à ces données que se rapportent également les figures de Mr. Sacco (pl. VII, fig. 5; pl. VIII, fig. 1), ainsi que la fig. 4 (pl. VIII) décrite sous le nom de *Lutraria latissima* Desh. dans laquelle le contour est absolument le même, ainsi que le rapport de la largeur à la hauteur, ayant 115 mm. sur 62 mm.

Il faut considérer comme une variété très importante celle fondé par Philippi (*Enum. Moll. Siciliae*, II, p. 7) sous le nom de *angustior*, figurée dans les *Moll. Roussillon*, pl. LXXXIII, fig. 5 et 6, par Hidalgo, par Sacco (pl. VIII, fig. 2), et pourvue d'une abondante synonymie.

Nous avons hésité autrefois à considérer le *Lutraria latissima* Desh. comme une dépendance du type du *L. lutraria*, parce que cette espèce de Deshayes n'a jamais été figurée par lui et parce que la diagnose qu'il a donné n'est pas suffisante, il dit seulement: *Testa ovato-elliptica, complanata, inaequilatera, antice rotundata, postice subangulata, transversim tenuiter striata, cardine producto, dente laterali postico minuto instructo.* Fossile des environs de Bordeaux. Il y a une lutraire vivante du Cap de Bonne Espérance qui en est le subanalogue (*L. capensis* Desh.)[1], mais depuis, les figura-

---

[1] Deshayes: *Anim. sans vert.*, t. VI, 1835, p. 94.
Le type conservé à l'École des Mines à Paris est une grande coquille ovalaire plane, qui mesure 120 mm. de long sur 70 mm. de haut, à bord palléal bien arrondi, sans caractères spéciaux.

tions de Mr. Sacco, qui sont faites d'après des exemplaires de Saucats dans le Bordelais, étant inter-
venues (pl. VIII, fig. 4), l'assimilation à titre de variété nous paraîtrait pleinement justifiée.

Mais il conviendrait d'éliminer la figure de Hoernes (pl. VI, fig. 1) qui représente une espèce
très différente à laquelle Mr. Sacco a attribué le nom de *L. pseudosanna*.

Tout à côté du type il faudrait placer une variété *minor* (pl. II, fig. 5 et 6) qui n'est peut-être
qu'une forme jeune et qui est celle représentée dans la planche de Pereira da Costa et dans notre
Conchyliologie de la Touraine, etc., elle figure dans nos échantillons de Nadadoiro, mesurant 53 mm.
de long sur 30 mm. de haut, ayant l'aspect d'une jeune panopée.

Nous avons un grand nombre d'exemplaires de Negreiro et de Nadadoiro, le plus important
mesure 105 mm. de long sur 68 mm. de haut, la fossette cardinale est nettement couchée en avant,
la surface couverte de gros plis irréguliers un peu flexueux; la majorité des spécimens va de 80 mm.
de long à 45 mm. de haut, le côté antérieur bien développé porte un pli ondulatoire plus ou moins
apparent. Un échantillon de Negreiro paraît appartenir à la var. *angustior*, il mesure 90 mm. de long
sur 52 mm. de haut. (Pl. II, fig. 2 et 3).

Le *Lutraria lutraria* est connu de presque tous les bassins miocènes de l'Europe et jusqu'en
Asie et en Afrique, son extension dans le Pliocène est plus grande encore, elle gagne le nord de
l'Europe; dans les mers actuelles elle vit à une profondeur médiocre, et s'étend depuis les côtes de
la Norvège jusqu'au détroit de Gibraltar, pénètre dans la Méditerranée et d'après Sowerby parviendrait
sans changement jusqu'à l'Afrique australe.

Localités.—Negreiro, Nadadoiro, Monte-Real.

MACTRA CORALLINA Linné

Pl. I, fig. 18-19

1766. *Mactra corallina* LINNÉ, Syst. Nat., xii, p. 1125.
1766. — *stultorum* LINNÉ, Id., p. 1126.
1782. — *corallina* Lin. CHEMNITZ, Conch. Cab., vi, p. 223, pl. XXII, fig. 218 et 219.
1782. — *stultorum* Lin. CHEMNITZ, Id., vi, p. 226, pl. XXII, fig. 224-226.
1814. — — Lin. BROCCHI, Conch. foss. subap., ii, p. 535.
1836. — — Lin. PHILIPPI, Enum. moll. Siciliae, i, p. 10, pl. III, fig. 2; ii, p. 10.
1836. — *inflata* PHILIPPI, Id., i, p. 11, pl. III, fig. 1; ii, p. 10.
1850. — *stultorum* Lin. WOOD, Crag Moll., ii, p. 242, pl. XXIII, fig. 3.
1859. — — Lin. SOWERBY, Illustr. Index Brit. Shells, pl. III, fig. 24.
1870. — — Lin. HIDALGO, Mol. marin. España, p. 170, pl. XXXI, fig. 1 et 2.
1890. — *corallina* Lin. LOCARD, Monograph. Esp. franç. G. Mactra, p. 54, pl. I, fig. 3.
1890. — *stultorum* Lin. LOCARD, Id., p. 37, pl. I, fig. 4.
1890. — *inflata* Bronn, LOCARD, Id., p. 62, pl. I, fig. 7.
1890. — *Bourguignati* LOCARD, Id., p. 47, pl. I, fig. 5.
1890. — *Paulucciae* LOCARD, Id., p. 50, pl. I, fig. 8.
1896. — *corallina* Lin. BUCQ., DAUTZ. et DOLLF., Moll. Rouss., ii, p. 547, pl. LXXX, fig. 1-8; pl. LXXXI,
            fig. 1-10.
1901. — — Lin. SACCO. I Moll. Terr. Terz. Piem., part. xxix, p. 22, pl. V, fig. 20-22.
1904. — — Lin. DOLLFUS et DAUTZENBERG, Conch. Mioc. moy. Loire, ii, p. 110, pl. VI, fig. 16-21.

*Testa laevi, subdiaphana, alba, fasciis lacteis. Habitat in Mare Mediterraneo. (Linné, Mactra
corallina).*

*Testa subdiaphana, laevi, obsolete radiata, intus purpurascente, vulca gibba. Habitat in O. Eu-
ropaeo. (Linné, Mactra stultorum).*

Il est démontré maintenant que le *M. stultorum* n'est qu'une variété de *M. corallina*, établie
quelques lignes antérieurement par Linné. Bien d'autres variations ont été reconnues qui sont devenues
autant d'espèces sous la plume de Locard, nous ne pouvons entrer ici dans cette discussion.

Nous avons de Nadadoiro et d'Aguas Santas des échantillons de taille très modeste qui ne nous satisfont pas pleinement; ils mesurent 34 mm. de long sur 25 mm. de haut, par conséquent un peu trop transverses, le test est mince, la forme subéquilatérale, le corselet et la lunule sont dépourvus de plis spéciaux, la surface luisante est ornée de stries concentriques inégales très fines et nombreuses, il reste des traces de bandes de coloration brunes concentriques; l'expression de Linné «vulva gibba» leur convient également car la ligne lunulaire est un peu plus saillante.

Le *M. corallina* est fort rare dans le Miocène du Nord et du Midi, un peu plus abondant dans le Pliocène du Nord et du Midi, il ne devient commun qu'au Pleistocène et dans la faune actuelle où on le trouve sur les rivages sableux depuis la Norvège jusqu'aux Iles Canaries, et dans toute la Méditerranée; le *M. Capensis* Sow. est une espèce fort voisine de l'Afrique australe.

Localités.—Aguas Santas, Nadadoiro.

MACTRA (SPISULA) SOLIDA Linné

Pl. I, fig. 20 à 27

1766. *Mactra solida* Lin. Linné, Syst. Nat., xii, p. 1126.
1778. *Trigonella zonaria* Da Costa, Brit. Conch., p. 197, pl. XV, fig. 1.
1778.   — *gallina* Da Costa, Id., p. 199, pl. XIV, fig. 6.
1782. *Mactra vulgaris* Chemnitz, Conch. Cab., vi, pl. XXIII, fig. 229 et 230.
1804.   — *solida* Lin. Maton et Rackett, Descrip. Catal. Brit. Testacea, p. 70.
1817.   — *ovalis* J. Sowerby, Mineral Conch., pl. CLX, fig. 5.
1817.   — *dubia* J. Sowerby, Id., pl. CLX, fig. 2-4.
1817.   — *arcuata?* J. Sowerby, Id., pl. CLX, fig. 1 et 6.
1827.   — *elliptica* Brown, Illust. Conch. Great Britain, pl. XV, fig. 6.
1835.   — *solida* Lin. Lamarck (Deshayes), Anim sans vert., vi, p. 104.
1844.   — *striata* Nyst, Descript. Coq. tert. Belgique, p. 80, pl. IV, fig. 1.
1857.   — *solida* Lin. Wood, Crag Moll., ii, p. 245, pl. XXIV, fig. 4.
1857.   — *ovalis* Lin. Wood, Id., p. 246, pl. XXIII, fig. 1.
1859.   — *solida* Lin. Sowerby, Illust. Index Brit. Shells, pl. III, fig. 25.
1859.   — *elliptica* Brown. Sowerby, Id., pl. III, fig. 22.
1867.   — *ovalis* Sow. Mayer, Catal. Musée Zurich, ii, p. 47, n° 33.
1867.   — *solida* Lin. Mayer, Id., p. 47, n° 34.
1870.   —   — Lin. Hidalgo, Mol. marin. España, p. 170, pl. XXX, fig. 5 et 6.
1874.   —   — Lin. Wood, Crag Moll., Suppl., iii, p. 154, pl. X, fig. 10.
1881.   —   — Lin. Nyst, Conch. Terr. Tert. Belgique, iii, p. 216, pl. XXIV, fig. 3.
1904.   —   — Lin. Choffat et Dollfus, Cord. litt. Pleistoc. Portugal, (Bull. Soc. Géol. de France, p. 742).
1905.   — *ovalis* Sow. Dollfus, Faune Malac. Mioc. sup. Gourbesville (Ass. Fr. Av. Sc., p. 363).

Testa opaca, laeviuscula, subantiquata. Testa crassa, alba seu flavescens, saepe cingulis lacteis subimbricata et fere antiquata. Cardo dentibus lateralibus minus elongatis; foveola major quam in reliquis et dens intermedius minor. (Linné).

Testa elliptica vel ovato-angulata, subaequilaterali, laevigata, vel tenuissime striata, tenuidiuscula; dentibus lateralibus rugosis; margine ventrali arcuato. (Mactra ovalis Sowerby).

Le type de Linné est la coquille épaisse, solide, trigone, si commune sur les rivages du Nord, figuré déjà par Lister dans sa description des coquilles d'Angleterre (pl. IV, fig. 34).

Autour de cette forme gravitent des variétés nombreuses caractérisées par leur épaisseur moindre, leur galbe plus elliptique, leur ornementation réduite; les principales sont:

Var. *elliptica* Brown, de taille plus faible, nettement plus transverse, considérée par beaucoup d'auteurs comme une espèce distincte.

Var. *striata* Nyst, ornementation concentrique bien développée, passe à la *M. subtruncata*.

Var. *ovalis* Sowerby, taille moyenne, un peu au-dessous de celle du type, sensiblement plus mince de test et moins robuste comme charnière.

Nous avons de Nadadoiro et d'Aguas Santas des échantillons (Pl. I, fig. 24–27) qui appartiennent certainement à la var. *elliptica* Brown, ils mesurent 24 mm. de long sur 17 mm. de haut, la surface est presque lisse avec quelques cordons concentriques irréguliers d'accroissement, mais la lunule et le corselet sont ornés d'une douzaine de gros plis arrondis, décroissants, caractéristiques, la forme général elliptique subéquilatérale n'a rien de remarquable, mais la décortication fréquente donne à certains échantillons un aspect spécial aplati.

D'autres échantillons, assez nombreux, de Negreiro et de Nadadoiro (Pl. I, fig. 20–23) nous paraissent entrer dans la variété *ovalis* de Sowerby et de Wood, ils atteignent 36 mm. de long sur 30 mm. de haut, le test est d'épaisseur médiocre et fréquemment décortiqué, la forme générale est bien ovalaire, mais les carénes limitant le corselet d'un côté et la lunule de l'autre sont très peu accusées, enfin les plis d'ornementation de ces aires latérales sont très peu marqués; il nous reste un doute sur cette détermination, bien que nous ayons pu comparer nos échatillons du Portugal avec des types d'Angleterre; peut-être il conviendrait de maintenir le *M. ovalis* comme espèce distincte.

Le *Mactra solida* ne remonte pas bien haut dans le temps, nous n'avons aucune citation bien authentique du Miocène; au Pliocène sa présence dans le tertiaire italien est douteuse, mais son développement est considérable dans les couches du Nord: Belgique, Angleterre, France. De même à l'époque actuelle sa présence dans la Méditerranée n'a pas été prouvée, M. de Monterosato l'indique de Malaga (*Jour. de Conch.*, 1898, p. 26), mais elle habite les plages sableuses de l'Atlantique depuis les côtes de Norvège jusqu'à celles du Portugal avec grande abondance. Nous l'avons reconnu dans les couches pleistocénes soulevées du Portugal.

Localités.—Aguas Santas, Negreiro, Nadadoiro, Monte-Real.

MACTRA (SPISULA) SUBTRUNCATA Da Costa
var. TRIANGULA Renier

Pl. II, fig. 7–14

1777. *Mactra stultorum* PENNANT (non Linné) British Zool , IV, p. 92, pl. LII, fig. 42.
1778. *Trigonella subtruncata* DA COSTA, Brit. Conch., p. 198.
1795. *Mactra lactea* POLI (*non* Gmelin), Test. utriu. Siciliae, II, p. 73; pl. XVIII, fig. 13 et 14.
1804. — *subtruncata* DA COSTA. MATON et RACKETT, Brit. Test., VIII, p. 71, pl. I, fig. 11 (non 10).
1804. — *triangula* RENIER, Tavol. alfab. delle conch. adriat., p. 6 (Venezia).
1814. — — Ren. BROCCHI, Conch. foss. subap., II, p. 535, pl. XIII, fig. 7.
1817. — *cuneata* SOWERBY, Miner. Conch., pl. CLX, fig. 7.
1845. — *triangula* Ren. DESHAYES, Traité Élém. Conch., II, p. 288, pl. X, fig. 4–6.
1851. — *subtruncata* Da Costa. WOOD, Crag Moll., II, p. 247, pl. XXIV, fig. 3.
1856. — *triangula* Ren. WOOD, Id., Appendix, p. 325, pl. XXXI, fig. 21.
1859. — *subtruncata* Da Costa. SOWERBY, Illust. Index Brit. Shells, pl. III, fig. 23.
1859. — *triangula* Ren. HOERNES, Foss. Moll. Wien, II, p. 66, pl. VII, fig. 11.
1867. — — Ren. WEINKAUFF, Conch. des Mittelm., I, p. 48.
1870. — *subtruncata* Da Costa. HIDALGO, Mol. marin. España, p. 170, pl. XXX, fig. 3 et 4.
1875. — *triangula* Ren. R. HOERNES, Fauna Schliers von Ottnang, p. 369, pl. XIII, fig. 5–7.
1881. — *subtruncata* Da Costa. NYST, Conch. Terr. tert. Belgique, p. 217, pl. XXIV, fig. 4.
1896. — — Da Costa. BUQ., DAUTZ. et DOLLF., Moll. Rous., II, p. 559, pl. LXXXII, fig. 1–21.
1901. — — Da Costa. SACCO, I Moll. Terr. Terz. Piem., part. XXIX, p. 25, pl. VI, fig. 3–6.
1903. — — Da Costa; DOLLFUS, Faune Malacol. Mioc. Rennes, (Ass. Fr. Av. Sc., p. 658).
1904. — — Da Costa. DOLLF. et DAUTZ., Conch. Mioc. moy. Loire, II, p. 115, pl. VII, fig. 1–10.
1904. — — Da Costa. CHOF. et DOLLF., Cord. litt. Pleist. Port. (Bull. Soc. Géol. de Fr., p. 741).
1905. — — Da Costa. DOLLFUS, Faune Malac. Mioc. sup. Gourbesville (Ass. Fr. Av. Sc., p. 363).
1907. — — Da Costa. G. DOLLFUS, Faune Maloc. Rédonien de Montaigu (Vendée). (Ass. Fr. Av. Sc. Reims, p. 345).
1907. — — Da Costa. DAUTZENBERG et DE LAMOTHE, Marnes plaisanc. d'Alger. Bull. Soc. Géol. Fr., VII, p. 500.

Mactra triangula. — *Testa inflata, trigona, transversim sulcata, latere antico et postico obtuse carinatis, dentibus lateralibus perpendiculariter striatis.* (Brocchi).

Mactra subtruncata. — *Testa ovato-triangulari, vel cuneiformi, inaequilaterali, crassa; antice breviore subtruncata; postice producta, angulata; dentibus lateralibus perpendiculariter striatis; margine ventrali convexiusculo.* (Wood).

Le type du *Mactra subtruncata* Da Costa n'est pas précis par suite du manque de figuration. nous avons ailleurs considéré comme tel l'ancienne figure de Pennant qui représente la forme la plus courante des rivages d'Angleterre, elle mesure 36 mm. de long sur 20 mm. de haut, de forme trigone et franchement oblique, elle est toujours de taille très supérieure à la forme représentative de la Méditerranée nommée *M. triangula* par Renier et figurée par Brocchi, dont la taille est de 18 mm. sur 13 mm. et la forme plus oblique et plutôt elliptique : elle est couverte sur toute la surface de petits cordons concentriques qui deviennent plus forts sur la lunule et sur le corselet.

C'est une coquille extrêmement commune et les pages de références que nous avons publiées dans les mollusques fossiles de la Touraine sont encore bien incomplètes, il n'y a pas lieu de s'étonner qu'elle présente des variations étendues et beaucoup d'auteurs ont considéré la forme méditerranéenne de Renier comme une espèce spéciale.

Voici un aperçu sommaire des variétés :

Var. *triangula* Renier (*Moll. Roussillon,* pl. LXXXII, fig. 6; Sacco, pl. VI, fig. 7). Plus équilatérale, plus petite, plus mince que le type.

Var. *inaequalis* Jeffreys (*Moll. Roussillon,* pl. LXXXII, fig. 10-13). Forme plus grande et plus haute que le type anglais.

Var. *striata* Brown (*Moll. Roussillon,* pl. LXXXII, fig. 14 et 15). Forme grande, solide, gibbeuse, trigone, profondément striée.

Var. *tenuis* Jeffreys (*Moll. Roussillon,* pl. LXXXII, fig. 16 et 17). Forme grande, oblique, mince, stries irrégulières.

Var. *Conemenosi* B.D.D. (*Moll. Roussillon,* pl. LXXXII, fig. 18-21). Toute petite forme, solide, renflée, sommets proéminents.

Var. *Tiberiana* Cocconi (Sacco, pl. VI, fig. 9 et 10). Forme petite, trigone, carènes bien apparentes.

Var. *fasciata* Cocconi (Sacco, pl. VI, fig. 11). Sillons concentriques d'accroissement bien étagés.

Var. *caudata* Sacco (pl. VI, fig. 12 et 13). Toute petite forme, oblique, très inaéquilatérale.

Var. *parvolaevis* Sacco (pl. VI, fig. 14 et 15). Taille faible, test plus épais, surface sublisse.

Cette espèce, rare à Negreiro, est extrêmement commune à Aguas Santas. Nos plus grands échantillons ont 17 mm. de long sur 13 mm. de haut, leur sculpture est peu accusée, sauf sur la lunule et le corselet, la forme trigone est parfois un peu ovalaire et la profondeur plus ou moins grande, mais gravitant toujours autour du type de Renier.

Nous ne sommes pas assez renseignés sur le *Mactra trinacria* Semper qui pourrait être une forme ancestrale de l'Oligocène du Nord de l'Europe. (*Mém. Acad. Roy. de Danemark,* t. III, p. 281, pl. III, fig. 1 et 2, par Mr. Raon).

Le *Mactra subtruncata* débute dans le Miocène du Nord et du Midi de L'Europe, et se poursuit dans ses diverses subdivisions; au Pliocène son extension est non moins considérable, en Angleterre, en Belgique, en France, dans tout le bassin méditerranéen, en Algérie et en Grèce. A l'époque actuelle son habitat s'étend, à une faible profondeur, des côtes de Norvège jusqu'au Maroc en comprenant les mers intérieures annexes : Mer Baltique, Méditerranée, Mer Noire.

Localités. — Aguas Santas, Negreiro.

Famille VIII—SCROBICULARIDAE

SYNDOSMYA ALBA W. Wood sp. (MACTRA)

1801. *Mactra alba* W. Wood, Trans. Linn. Soc. London, vi, pl. XVI, fig. 9–12.
1803. — *Boysii* Montagu, Testac. Brit., p. 98, pl. III, fig. 7.
1814. *Tellina pellucida* Brocchi, Conch. foss. subap., ii, p. 514, pl. XII, fig. 10.
1822. *Amphydesma Boysii* Mont. Turton, Dithyra Brit., p. 53, pl. V, fig. 4 et 5.
1835. — — Mont. Lamarck, Anim. sans vert. (Edit. Desh.), vi, p. 128.
1836. *Erycina Renieri* Bronn. Philippi, Enum. Moll. Siciliae, i, p. 12, pl. I, fig. 6.
1843. *Syndosmya alba* Wood. Deshayes, Traité Élém. Conch., i, p. 353, pl. VIII *bis*, fig. 6, 7 et 8.
1854. *Abra alba* W. Wood. S. Wood, Crag Moll., ii, p. 237, pl. XXII, fig. 10.
1859. *Syndosmia apelina* Renier. Hoehnes, Foss. Moll. Wien, ii, p. 77, pl. VIII, fig. 4.
1859. — *alba* Wood. Sowerby, Illust. Index Brit. Shells., pl. II, fig. 22.
1870. — — Wood. Hidalgo, Mol. marin. España, p. 167, pl. LXXIX, fig. 6 et 7.
1881. — — Wood. Fontannes, Moll. Plioc. Vallée Rhône, ii, p. 44, pl. II, fig. 14–18.
1881. *Semele alba* Wood. Nyst, Conch. Terr. tert. Belgique, iii, p. 229, pl. XXV, fig. 7.
1898. *Syndosmya alba* Wood. Bucquoy, Dautz. et Dollfus, Moll. Roussillon, ii, p. 702, pl. XCVII, fig. 1–11.
1901. — — Wood. Sacco, I Moll. Terr. Terz. Piem., part. xxix, p. 119, pl. XXVI, fig. 1–5.
1904. — — Wood. Dollfus et Dautzenberg, Conch. Mioc. moy. Loire, ii, p. 121, pl. VII, fig. 23 et 24.
1905. — — Wood. G. Dollfus, Faune Malac. Mioc. Gourbesville (Ass. Fr. Av. Sc., p. 363).

Testa ovata, glabra, alba, foveolis cardinalibus breviusculis. (Lamarck).

La nomenclature de cette espèce a été bien tardivement fixée, et il est curieux qu'une forme aussi simple ait été, comme on va le voir, l'objet d'un nombre de variétés aussi considérable.

La figure de W. Wood, qui n'est accompagnée d'aucun texte, représente une espèce régulièrement ovale, transverse, de 18 mm. de long sur 11 mm. de haut, qui est figurée à nouveau dans les *Moll. Roussillon*, pl. XCVII, fig. 1–4.

Viennent ensuite les variétés:

Var. *curta* Jeffreys (*Moll. Roussillon*, pl. XCVII, fig. 5 et 6). Forme moins transverse, plus haute que le type, plus solide.

Var. *major* Recluz (*Moll. Roussillon*, pl. XCVII, fig. 7). Atteignant 25 mm. de long sur 18 mm. de haut.

Var. *Renieri* Philippi (*Enum. Moll. Siciliae*, pl. I, fig. 6). Forme très anguleuse postérieurement, mince, aplatie.

Var. *apesa* De Gregorio (*Moll. Roussillon*, pl. XCVII, fig. 8–11). Forme transverse, mais obtuse du côté postérieur.

Var. *occitanica* Recluz. Un peu trigone et renflée, serait identique à *S. pellucida* Brocchi (Sacco, pl. XXXVI, fig. 1–5).

Var. *regularis* G. Dollfus 1905 (Turton, *Dithyra Brit.*, pl. V, fig. 4 et 5). Charnière presque centrale, forme subequilatérale.

Var. *ootrigona* Sacco (pl. XXVI, fig. 6). Forme haute, subtrigone, côté postérieur subarrondi.

Var. *subtruncata* Sacco (pl. XXVI, fig. 7). Très voisine du *S. pellucida*, mais à côté postérieur subtronqué.

Var. *perinflata* Sacco (pl. XXVI, fig. 8). Forme ovale, renflée. Ces trois variétés de Mr. Sacco sont bien aberrantes et réclament confirmation.

Nous avons de Nadadoiro deux échantillons, l'un bivalve de petite taille, l'autre incomplet, sensiblement plus grand, mais n'ayant encore que 14 mm. de long sur 7 de haut. Le test est mince, la charnière très faible quoique bien caractérisée, la forme régulièrement ovale, normalement bombée entre le type et la var. *apesa*.

Le *Syndosmya alba* paraît débuter dans le Miocène depuis le bassin de la Loire jusqu'en Autriche, mais sans être alors abondant. Il se propage dans le Pliocène et le Pleistocène où il prend tout son développement, depuis la Hollande et l'Angleterre jusque dans la Méditerranée orientale. Dans les mers actuelles son habitat, dans les sables vaseux littoraux, va des côtes de la Norvège au littoral marocain, s'étendant aussi dans toute la Méditerranée; il ne semble pas qu'aucune des variétés signalées soit spéciale à un horizon géologique déterminé, les formes *Renieri* et *apesa* sont plutôt méditerranéennes, et les variétés *occitanica* et *major* sont de l'Océan Atlantique.

Localité.—Nadadoiro.

Famille IX—TELLINIDAE

TELLINA (MACOMOPSIS) ELLIPTICA Brocchi
var. MAJOR D. C. G.

Pl. II, fig. 15 à 17

1814. *Tellina elliptica* Brocchi, Conch. foss. subap., ii, p. 513, pl. XII, fig. 7 (Méd.).
1826. —   —   Br. Risso, Hist. Nat. Europe Mérid., iv, p. 348.
1831. —   —   Br. Bronn, Ital. Tertiargeb., p. 93.
1843. *Donax fragilis* Nyst, Coquilles Terr. tert. Belgique, p. 116, pl. VI, fig. 2.
1866. *Tellina melo* Sowerby in Reeve, Conchy. iconica, pl. XVII, fig. 86.
1873. — *elliptica* Br. Mayer, Versteiner. des Helvetien, p. 21.
1874. —   — Br. De Gregorio, Studi tal. Conch. Med. viv. e foss., p. 167.
1881. *Donax?* *subfragilis* d'Orb. Nyst, Conch. Terr. Tert. Belgique, p. 227, pl. XXV, fig. 3.
1901. *Macomopsis elliptica* Br. Sacco, I Moll. Terr. Tert. Piem., part. xxix, p. 107, pl. XXII, fig. 36–40.
1903. *Tellina elliptica* Br. var. *major* Dollfus, Cotter, Gomes, Moll. Tert. Portugal, pl. VII, fig. 8 et 9.

Testa ovali, convexiuscula, utroque fine rotundata, striis transversis vix conspicuis, pube angusta, tumidula. (Brocchi).

Le type de Brocchi, figuré à nouveau par Mr. Sacco, mesure 25 mm. de long sur 15 mm. de haut, il représente donc une petite taille relativement aux échantillons du Portugal figurés par Costa et pour lesquels nous avons introduit une nouvelle variété *major* atteignant 41 mm. de long sur 25 mm. de haut, dimensions supérieures à celles signalées comme maximum par Mr. Sacco.

Les exemplaires de Negreiro ont 35 mm. de long sur 25 mm. de haut, appartenant à la var. *major*. Ceux de Nadadoiro ne dépassent pas 30 mm. sur 20 mm. de haut avoisinant la var. *pomella* (pl. II, fig. 15 et 16). Il existe de nombreux passages et les figures elles-mêmes de Costa ne sont pas identiques[1].

La forme générale reste toujours bien ovalaire, le côté postérieur toujours plus largement développé et bien arrondi, le côté antérieur pourvu d'un pli oblique qui détermine une troncature très atténuée dans le contour général elliptique. La charnière est faible et nous ne sommes pas surpris que Nyst, disposant d'échantillons probablement défectueux, ait cru y voir celle d'un *Donax*, il nous reste d'ailleurs quelque doute sur cette assimilation.

Voici les variétés signalées, qui sont d'ailleurs peu importantes.

Var. *antisa* De Gregorio (Sacco, Pl. XXII, fig. 41–43). Forme plus transverse, moins ovalaire (26 mm. ✕ 14 mm.). (Plaisancien et Astien).

Var. *pomella* De Gregorio (Sacco, Pl. XXII, fig. 44). Forme plus élevée et plus ovale (30 mm. ✕ 22 mm.). (Astien).

---

[1] Il y aurait encore à comparer cette espèce avec *T. Ottnangensis* R. Hoernes (Schlier, Pl. XIII, fig. 1).

Var. *parvovata* Sacco, (Pl. XXII, fig. 45). Taille plus petite, très régulièrement ovale (17 mm. × 11 mm.). (Astien).

Var. *parvobrevis* Sacco (Pl. XXII, fig. 46–48). Taille petite, hauteur relativement plus grande, plus courte transversalment (13 mm. × 8 mm.). (Plaisancien).

Le *Tellina elliptica*, rare dans le Miocène, est tout spécialment aboundant dans le Plaisancien (Pliocène inférieur) il passe dans l'Astien et parait représenté dans la nature actuelle par le *Tellina melo*, espèce vivante dans le sud de l'Espagne du Portugal et au Maroc, considérée comme rare, soit qu'elle se trouve réellement en voie d'extinction, ou que son gisement réel principal soit encore inconnu.

Localités.—Negreiro, Nadadoiro.

TELLINA (PERONAEA) NITIDA Poli

Pl. II, fig. 18 à 21

1795. *Tellina nitida* Poli, Test. utriu. Siciliae, ii, p. 36, pl. XV, fig. 2-4.
1814. — — Poli. Brocchi, Conch. foss. subap., ii, p. 510.
1825. — *bipartita* Basterot, Mém. Géol. env. Bordeaux, p. 85, pl. V, fig. 2.
1831. — — Bast. Bronn, Ital. Tertiargeb., p. 93.
1835. — *nitida* Poli. Lamarck (Édit. Desh.), Anim. sans vert., t. iv, p. 199.
1870. — — Poli. Hidalgo, Mol. mar. España, p. 164, pl. LVII, fig. 1.
1873. — *bipartita* Bast. Benoist, Catal. Test. foss. La Brède et Saucats, p. 29.
1898. — *nitida* Poli. Bucquoy, Dautzenberg et Dollfus, Moll. Roussillon, ii, p. 660, pl. XCIII, fig. 1-5.
1898. — *bipartita* Bast. Almera y Bofill, Mol. foss. plioc. Cataluña, p. 158.
1901. — *nitida* Poli. Sacco, I Moll. Ter. Terz. Piem., part. xxix, p. 110, pl. XXIII, fig. 11 et 12.
1901. — — Poli. Pallary, Coq. mar. litt. Oran, Jour. Conch., t. xlviii, p. 415.

Testa ovato-trigona, oblonga, compressa, subaequilatera, eleganter striata, pallida fulva, zonis lacteis, intus aurantia. (Lamarck).

La figure de Poli représente une coquille ovale extrèmement plate, arrondie du côté postérieur, un peu proéminente du côté antérieur, ornée sur toute la surface de stries fines concentriques, mesurant 40 mm. de long sur 22 mm. de haut. Médiocrement caractérisée, cette forme n'est pas la plus répandue, on trouve d'ordinaire des exemplaires bien plus transverses tels que ceux figurés dans *Les Mollusques du Roussillon* ayant 48 mm. de long sur 27 mm. de hauteur, l'ornementation est aussi plus accusée et elle devient caractéristique, tout le côté antérieur est orné de lamelles parallèles deux fois plus fortes et deux fois moins nombreuses que les lamelles de la région postérieure.

Nous sommes étonnés que Mr. Sacco ait considéré le *T. bipartita* de Basterot comme une espèce ancestrale distincte de *T. nitida* de Poli, car il existe de nombreux passages qui réunissent étroitement ces deux formes et Mr. Sacco en a lui-même figuré.

Nous admettons donc:

Var. *bipartita* Basterot, longueur 42 mm. sur 24 mm. de haut, à ornementation bien développée, carène et plan antérieurs bien accusées.

Var. *ellipsoidea* Sacco (pl. XXIII, fig. 13). Taille réduite, forme subéquilatérale, ornementation faible.

Nos exemplaires de Nadadoiro appartiennent au type et à la variété *bipartita*.

Les exemplaires typiques mesurent 35 mm. sur 21 de haut, très petits, leur ornementation est très fine mais caractéristique, les sillons concentriques sont de plus en plus serrés en s'approchant du sommet.

Les spécimens de la variété *bipartita* mesurent au maximum 54 mm. sur 32 mm. de haut, et plus généralement 50 mm. sur 28 de haut, la forme générale est bien transverse et elliptique, l'ornementation antérieure très accusée.

Un petit exemplaire de Negreiro est tout à fait conforme à de petits spécimens vivants que nous avons d'Algérie. (Pl. II, fig. 21).

Le *T. nitida* n'est guère cité jusqu'ici dans le Miocène que du Bordelais, elle est connue dans le Pliocène d'Italie (Astien), d'Espagne (Plaisancien), elle passe dans le Pleistocène de Sicile et dans la faune vivante ne sort pas de la Méditerranée, la station nouvelle du Portugal qui se trouve intermédiaire, est donc spécialement intéressante tant au point de vue géographique qu'au point de vue géologique.

Localités.—Nadadoiro, Negreiro.

TELLINA (ARCOPAGIA) CRASSA Pennant

Pl. II, fig. 22

1777. *Tellina crassa* PENNANT, Brit. Zool., T. IV, p. 87, pl. XLVIII, fig. 28.
1792. *Venus* — Penn. BRUGUIÈRE, Encyclop. Method., pl. CCXCI, fig. 5.
1817. *Tellina obtusa* SOWERBY, Miner. Conchol., pl. CLXXIX, fig. 4.
1822. — *maculata* TURTON, Dithyra Brit., p. 108, pl. VI, fig. 7.
1822. — *crassa* TURTON, Id., p. 109, pl. VII, fig. 2.
1825. — *elegans* BASTEROT (*non* Desh.), Mém. Géol. Bordeaux, p. 85, pl. V, fig. 8.
1831. *Corbis subrotunda* BRONN (*non* Desh.), Ital. Tertiargeb., p. 93.
1854. *Tellina crassa* Penn. WOOD, Crag Moll., II, p. 226, pl. XXI, fig. 1 *a-e.*
1854. — — Penn. HOERNES, Foss. Moll. Wien., II, p. 94, pl. IX, fig. 4.
1859. — — Penn. SOWERBY, Illust. Index Brit. Shells, pl. III, fig. 5.
1879. *Arcopagia crassa* Penn. FONTANNES, Moll. Plioc. Rhône, II, p. 37, pl. II, fig.11.
1881. *Tellina crassa* Penn. NYST., Conch. Terr. tert. Belgique, p. 221, pl. XXIV, fig. 8 et var.
1885. — — Penn. DE GREGORIO, Studi tal. Conch. Med., p. 182.
1901. *Arcopagia crassa* Penn. SACCO, 1 Moll. Terr. Terz. Piem., part. XXIX, p. 112, pl. XXIV, fig. 1-4.
1901. — *subelegans* d'Orb. SACCO, Id., part. XXIX, p. 112, pl. XXIV, fig. 5-7.
1904. *Tellina crassa* Penn. DOLLFUS et DAUTZENBERG, Conch. Mioc. moy. Loire, II, p. 138, pl. X, fig. 14-25.
1904. — — Penn. DOLLFUS, COTTER et GOMES, Moll. Tert. Portugal—Planches Costa, VIII, fig. 3 et 4.

Testa orbiculari, solida, compressa, striis transversis subtilibus, radiis rubris. (Gmelin) Lister, *Historia Conchyl.*, pl. CCXCIX, fig. 136.

Testa with very thick, broad and depressed shells, marked with numerous concentric striae. Breadth an inch and three quarters; length an inch and a quarter (Pennant).

La figure de Pennant représente une forme obronde, inéquilatérale, couverte de côtes concentriques nombreuses, un peu irrégulières, longueur 45 mm., hauteur 35 mm. Un très grand nombre de variétés ont été instituées que nous allons désigner rapidement.

Var. *reducta* Dollf. et Dautz. (*Conch. Mioc. moy. Loire*, pl. X, fig. 14-19). Forme petite, épaisse, côtes concentriques régulières, pas très fortes.

Var. *lamellosa* Dollf. et Dautz. (*Conch. Mioc. moyen Loire*, pl. X, fig. 20-23). Taille médiocre, test peu épais, côtes concentriques écartées, saillantes, lamelleuses.

Var. *connectens* Dollf. et Dautz. (*Conch. Mioc. moyen Loire*, pl. X, fig. 24 et 25). Taille petite, forme arrondie, lames inégales.

Var. *plioitalica* Sacco (pl. XXIV, fig. 1) (*tantum*). Spécimen de forte taille, subéquilatérale, cordons concentriques forts et réguliers (*T. subrotunda* Bronn *non* Desh.).

Var. *taurostriolata* Sacco (pl. XXIV, fig. 3 et 4). Forme oblique, stries extrêmement fines et nombreuses (*T. subelegans* d'Orb.?).

Var. *obtusa* Sowerby (Wood, vol. II, pl. XXI, fig. 1). Forme ovale-haute, nombreux trabécules rayonnantes microscopiques, disposées entre les côtes concentriques.

Var. *Grundensis* Fontannes (Hoernes, pl. IX, fig. 4). Espèce obronde, fortes côtes concentriques, un pli postérieur très accusé, espèce peut-être spéciale à réunir á la *T. Strohmayeri* Hoernes.

L'échantillon de *Tellina crassa* de Nadadoiro que nous avons en examen à 45 mm. de long sur 40 mm. de haut. Sa forme est obronde, il est orné de côtes concentriques très fortes, bien régulières, de même importance que leurs intervalles, ces côtes diminuent de grosseur à l'approche de la région cardinale, il n'y a pas de trabécules rayonnants, aucune des figures de la Touraine ne lui convient, mais on peut l'attribuer à la var. *plioitalica* Sacco.

Cette valve gauche a une charnière bien caractérisée, une dent centrale trigone légèrement oblique est encadrée de deux fossettes triangulaires profondes dont l'antérieure est plus oblique, un vaste aréa ligamentaire postérieur s'allonge comme le corselet, un simple sillon longitudinal accompagne la lunule.

L'histoire de cette espèce ne manque pas d'intérêt. Au Miocène elle occupe presque tous les bassins tertiaires de l'Europe occidentale, son extension est sensiblement la même pendant le Pliocène allant depuis l'Angleterre jusqu'à l'Archipel, mais à l'époque actuelle elle paraît avoir abandonné la Méditerranée et ne se trouve plus que dans l'Atlantique depuis les côtes d'Ecosse jusqu'au Maroc.

Son habitat, bien que littoral, descend jusqu'à cinquante mètres et plus de profondeur.

Localité.—Nadadoiro.

TELLINA (ARCOPAGIA) VENTRICOSA
Marcel de Serres sp. (CORBIS)

Pl. II, fig. 23

1829. *Corbis ventricosa* Marcel De Serres, Géogn. Terr. Tert., p. 146, pl. VI, fig. 2.
1831. *Tellina corbis* Bronn, Ital. Tertiargeb., p. 94.
1859.   —   —   Bronn, Mayer, Jour. Conch., vii, p. 389, pl. XI, fig. 4 et 5.
1885.   —   *ventricosa* M. de Serres, De Gregorio, Studi tal. Conch. Med., p. 181.
1901.   —   *corbis* Bronn, Sacco, I Moll. Terr. Terz., part. xxix, p. 114, pl. XXIV, figs. 13, 14 et 16.
1904.   —   *ventricosa* M. de Serres, Dollfus et Dautzenberg, Conch. Mioc. moy. Loire, iii, p. 143, pl. X,
            fig. 8 et 9 (médiocres).
1904.   —   —   M. de Serres, Dollfus, Cotter et Gomes, Moll. Tert. Portugal—Planches Costa,
            viii, fig. 1 *a, b* et 2, var. *triangula*, D.C.G.
1907.   —   —   M. de Serres, Dollfus, Faune Mal. Mioc. supr. Beaulieu (Mayenne), Ass. Fr. Av. Sc.,
            p. 308.

Testa rotundata, ventricosa, ténui, lamellis concentricis, transversis, remotiusculis, elevatis, impressis; sulcis profundis, eleganter separatis; striis longitudinalibus, distantibus, tenuibus intra lamellas; latero antico plicato, truncatoque. (Marcel de Serres).

Il ne nous parait aucunement douteux que le *Tellina corbis* de Bronn, bien que non figuré, soit la même espèce que le *Corbis ventricosa* décrit deux années antérieurement par M. de Serres, bien que la figure de la *Géognosie des Terrains tertiaires du Midi de la France* soit médiocre et ne montre pas les stries entre les lamelles qui sont indiquées dans la diagnose.

Un échantillon unique de Nadadoiro est fracturé, il est de grand taille, atteignant 60 mm. de haut sur 70 mm. environ de largeur.

Les lamelles concentriques augmentent de taille et leur écartement s'accroit en allant du crochet au bord palléal, les trabécules interlamellaires donnent aux lamelles un aspect cannelé en dessous et crénelé en dessus qui n'est pas bien décrit.

Diverses variétés ont été indiquées:

Var. *Grundensis* De Gregorio. Fondée sur la figure de Hoernes (pl. IX, fig. 2), qui pourrait être une espèce différente du bassin de Vienne.

Var. *gibbinicola* De Gregorio. Forme très épaisse et solide, non figurée, du Tortonien de Montegibbio.

Var. *transiens* Sacco (pl. XXIV, fig. 16). Modification un peu transverse et elliptique.

Var. *triangula* D.C.G. (pl. VIII, fig. 1 et 2). Forme nettement trigone du Tertiaire de Cacella.

Enfin Mr. de Gregorio considérant la figure de Mayer comme différente de celle de Marcel de Serres en fait le type de l'espèce ancienne de Bronn, et fonde sur elle un *T. ventricosa*, var. *corbis* (Bronn) Mayer, de taille médiocre et ovalaire, qui nous paraît bien peu intéressant.

Le *Tellina ventricosa* débute dans le miocène moyen où il est rare, se développe dans le miocène supérieur (Tortonien), passe dans le Plaisancien et l'Astien d'Italie, il est pour la première fois indiqué ici dans le Pliocène atlantique.

Localité.—Nadadoiro, fragment à Monte-Real et à Aguas-Santas.

TELLINA (Arcopagia) cfr. SEDGWICKI Michelotti

Nous avons de Monte-Real un fragment d'une grande espèce que nous pensons pouvoir attribuer au *Tellina Sedgwicki* Michelotti, var. Sacco (Part. XXIX, pl. 24, fig. 18–20). Mais nous devons attendre d'autres découvertes avant de l'inscrire définitivement dans la liste des espèces bien reconnues.

Localité.—Monte-Real.

CAPSA FRAGILIS Linné sp. (TELLINA)

Pl. III, fig. 1 à 5

1767. *Tellina fragilis* Linné, Syst. Nat., xii, p. 1117.
1818. *Petricola ochroleuca* Lamarck, Anim. sans vert., t. v, p. 503.
1818. *Psammotaea tarentina* Lamarck, Id., t. v, p. 518.
1843. *Fragilia fragilis* Lin. Deshayes, Traité Élém. Conch., p. 374, pl. XII, fig. 13–15.
1859. — — Lin. Hoernes, Foss. Moll. Wien, ii, p. 80, pl. VIII, fig. 5.
1870. — — Lin. Hidalgo, Mol marin. España, p. 165, pl. XLVIII, fig. 11.
1885. — — Lin. De Gregorio, Studi tal. Conch. Med., p. 125.
1898. *Gastrana fragilis* Lin. Bucquoy, Dautz. et Dollfus, Moll. Roussillon, ii, p. 684, pl. XCIII, fig. 6–10.
1900. — — Lin. Pallary, Coq. mar. litt. Oran (Jour. Conch., t. xlviii, p. 417).
1901. — — Lin. Sacco, l Moll. Terr. Terz. Piem., part. xxix, p. 116, pl. XXV, fig. 9–12.
1904. *Capsa fragilis* Lin. Dollfus et Dautzenberg, Conch. Mioc. moy. Loire, ii, p. 148, pl. VII, fig. 34–43.

Testa ovata, alba, gibba; striis transversis recurvatis, natibus flavescentibus. Testa magnitudine extimi pollicis, gibba, striis subscabris. (Linné).

Le *Capsa fragilis* est une espèce très polymorphe, qui est pourvue d'une synonymie très abondante; aucune figure n'est citée par Linné, mais Hanley dit que les échantillons linnéens concordent avec la figure de Chemnitz (*Conch. Cab.*, vol. vi, pl. IX, fig. 84) qui mesure 38 mm. sur 20 mm. et qui est fort peu lamelleuse. Cette considération a conduit Mr. Pallary à constituer une variété *major* qui atteint 41 mm. de diamètre antéro-postérieur, mais inférieur à la var. *gigantula* Sacco (pl. XXV, fig. 15) qui atteint 52 mm. de longueur.

Nous avons créé autrefois une var. *incrassata* B.D.D. pour des échantillons à test très solide.

Nous relevons encore parmi les fossiles:

Var. *nigella* De Greg. fondée sur la figure de Brown (*Recent Conch.*, p. 102, pl. XL, fig. 4–6) qui se rapporte à des divergences dans la charnière dont les dents sont fort petites et réduites.

Var. *Grundensis* De Greg. fondée sur Hoernes (pl. VII, fig. 5). Forme pourvue de lamelles concentriques un peu plus denses.

Var. *Altavillensis* De Greg. Non figurée, plus allongée postérieurement.

Nous considérons les variétés *laminosa* (J. Sowerby) Sacco, et *foliosa* (Doderlin) Sacco comme des espèces distinctes. Par contre les variétés: *subaequilatera* Sacco (pl. XXV, fig. 14) nous paraissent comme un exemplaire jeune; var. *perabbreviata* Sacco (pl. XXV, fig. 16 a, b, c) comme des exemplaires accidentellement déformés; la var. *ovatella* Sacco (pl. XXV, fig. 11 et 12) se confond avec le type.

Nous avons du Portugal des échantillons de plusieurs localités; les échantillons de Negreiro de taille médiocre, de 23 mm. sur 28 mm. de longueur, sont pourvues de lamelles fortes bien espacées (fig. 3). Les échantillons de Nadadoiro généralement roulés et plus solides à côtes fines et serrées atteignent 40 mm. sur 35 mm. de haut, rappelant beaucoup les échantillons du Miocène de la Touraine (fig. 1 et 2). Un spécimen très déformé de Senhora da Victoria rappelle les figures de la variété *perabbreviata* de Sacco (fig. 4 et 5).

Le *Capsa fragilis* apparaît dans le Miocène de presque toute l'Europe, très rare cependant en Italie; il se propage dans le Pliocène des mêmes régions, commun dans le Plaisancien de Villalvernia, il est extrêmement abondant dans l'Astien. A l'époque actuelle son étendue va des côtes de Suède (très rare) jusqu'au Maroc, répandu dans la Méditerranée, il est remplacé au Sénégal par une forme extrêmement voisine, le *C. matadoa* d'Adanson à laquelle divers auteurs l'ont réuni.

Son habitat est dans les vases littorales.

Localités.—Negreiro, Nadadoiro, Selir do Porto, Senhora da Victoria.

CAPSA LAMINOSA J. Sowerby sp. (PETRICOLA)

Pl. III, fig. 6-7

1827. *Petricola laminosa* J. Sowerby, Miner. Conch., vi, p. 142, pl. DLXXIII.
1837.   —   *abbreviata* Dujardin, Mém. Touraine, p. 47.
1844.   —   *laminosa* Sow. Nyst, Coq. foss. Terr. Tert. Belgique, p. 99, pl. III, fig. 16.
1859. *Gastrana*   —   Sow. Wood, Crag. Moll., ii, p. 217, pl. XXV, fig. 1.
1897.   —   *Dujardini* Mayer, Jour. Conch., v. xlv, p. 137, pl. IV, fig. 1 et 1 a.
1897.   —   *bombycoides* Mayer, Id., p. 139, pl. IV, fig. 3 et 3 a.
1900.   —   *fragilis* Sacco (pars—*non* Linné), I Moll. Terr. Terz. Piem., part. xxix, p. 116 et 117.
1904. *Capsa laminosa* Sow. Dollfus et Dautzenberg, Conch. Mioc. moy. Loire, ii, p. 151, pl. VIII, fig. 1-14.

Testa subirregulari, ovata vel trigonula, convexiuscula, clausa, inaequilaterali; antice rotundata, postice angulata; lamellata, lamellis erectis acutis, striis interstitiis exilioribus; cardine bidentato; sinu palleari magno. (Wood).

Le *Capsa laminosa* diffère de *C. fragilis* par sa forme transverse subrectangulaire qui n'est jamais prolongée en pointe du côté postérieur, et par son ornementation formée de lamelles espacées, distinctes, qui ne sont jamais fines et serrées. Mr. Sacco a pensé cependant que la variation du type pourrait s'étendre jusqu'à ce point et que les espèces multipliées par Mayer-Eymar pourraient former comme autant de termes intermédiaires; les matériaux que nous avons groupées jusqu'ici ne nous permettent pas s'accepter cette manière de voir et nous maintenons jusqu'à plus ample documentation l'espèce de Sowerby comme différente.

Les échantillons d'Aguas Santas sont de forme trapézoïde ayant 16 mm. de long sur 10 mm. de haut, les lamelles plus serrées dans le jeune âge sont régulièrement espacées, concentriques et relevées dans l'adulte.

La distribution du *C. laminosa* va du Miocène au Pleistocène, sans atteindre l'époque actuelle; son aire d'habitat et d'abondance maximum est le Pliocène de l'Angleterre et de la Belgique, elle est bien développée dans le Redonien de la Loire inférieure.

Localité.—Aguas Santas.

Famille X—PETRICOLIDAE

PETRICOLA LITHOPHAGA Retzius sp. (VENUS)

1786. *Venus lithophaga* RETZIUS, Mém. Acad. Turin, III, p. 11–14. fig. 1 et 2.
1790. — — Retz. GMELIN, Syst. Nat. Ed., XIII, p. 3295.
1791. *Tellina lithophaga* POLI, Test. utr. Siciliae, I. pl. VII, fig. 14 et 15.
1802. *Rupellaria striata* FLEURIAU DE BELLEVUE, Mém. Moll. lithophages, Jour. de Phys., LIV, p. 3.
1808. *Mya decussata* MONTAGU, Test. Brit. Suppl., p. 20, pl. XXVIII. fig. 1.
1818. *Petricola striata* Fleur. LAMARCK, Anim. sans vert., t. v, p. 504. Includ. *Petricola costellata, P. roccela-*
        ria, P. ruperella, P. semilamellata. Figures in Wood, Index testaceol.,
        Supp. II, pl. XI. fig. 44–47.
1834. — *rariflama* DESHAYES, Traité Élem. Conch., t. I, p. 494, pl. XII, fig. 10–12.
1835. — *striata* Fleur. LAMARCK, Anim. sans vert., Ed. II, Desh. t. VI, p. 158. Includ. *P. costellata,*
        P. rocellaria, P. ruperella, P. semilamellata. Figures in Delessert. Recueil
        Coq., pl. IV, fig. 11–14.
1836. — *lithophaga* Retz. PHILIPPI, Enum. Moll. Siciliae, I, p. 21, pl. III, fig. 6.
1859. — — Retz. SOWERBY, Illust. Ind. Brit. Shells, pl. I, fig. 17.
1867. — — Retz. WEINKAUFF, Conch. des Mittelm., t. I, p. 90.
1882. — — Retz. FONTANNES, Moll. Plioc. Rhône, II, p. 78, pl. IV, fig. 20 et 21.
1884. — — Retz. NOBRE, Catal. Moll. Sud-Ouest et Catal. Moll. Nord-Ouest Portugal, p. 19, p. 13.
1893. — . — Retz. BUCQUOY, DAUTZ. et DOLLFUS, Moll. Roussillon, II, p. 444, pl. LXVII, fig. 20–28.
1898. — — Retz. ALMERA et BOFILL, Moll. plioc. Catal., p. 152. (Edit. 1902, p. 239).
1900. — — Retz. SACCO, 1 Moll. Ter. Terz. Piem., part. XXVIII, p. 60, pl. XIV, fig. 7 et var.
1906. -- — Retz. DOLLFUS et DAUTZENBERG, Coq. Mioc. moy. Loire, p. 172, pl. XI, fig. 9–12.

Testa ovata, reticulata, utrinque hiante, cardinis dentibus binis, alternis bifidis. (Retzius).

Le type de Retzius, dont Mr. Sacco a donné récemment un reproduction (pl. XIV, fig. 7), est une forme ovale, peu rostrée, pourvue d'une sculpture assez grossière et correspond très sensiblement au *Petricola rocellaria* Lamarck. Comme toutes les coquilles perforantes, cette espèce varie beaucoup et le nombre des synonymes est considérable, nous relevons seulement les variétés les plus importantes.

Var. *striata* Fleuriau. De grande taille, oblique, côtés fines et nombreuses (*Moll. Roussillon,* pl. LXVII, fig. 26–28).

Var. *costellata* Lamarck. Côtés rayonnantes fortes, déterminant des crénelures sur le bord ventral.

Var. *Berthoni* Fontannes. Forme transverse à côtes rayonnantes fortes, s'espaçant beaucoup sur le côté syphonal (Marnes de Théziers, couches à *Cerithium* du Rasteau).

Var. *chamoides* Lamarck (*Anim. sans vert.,* t. v, p. 505), Sacco (pl. XIV, fig. 9 et 10). Forme transverse à rayons très forts, plus marqués du côté postérieur.

Nous n'avons de Senhora da Victoria qu'un échantillon médiocre qui s'est brisé au moment de la figuration, qui mesure 15 mm. de long sur 10 mm. de haut, côté postérieur arrondi. côté antérieur tronqué, côtes arrondies, irrégulières, inégales, visibles principalement vers le bord palléal et plus développées du côté postérieur, pas bien éloigné du type.

Le *Petricola lithophaga* est connu du Miocène de Touraine, du Bordelais, de la Suisse, l'Italie, l'Autriche, etc., il se propage dans le Pliocène du Roussillon, de la Vallée du Rhône, de l'Italie du Nord, la Sicile, l'Archipel, la Catalogne, il n'est pas signalé dans le Nord de l'Europe.

Dans les mers actuelles on le rencontre dans l'Atlantique, depuis les côtés d'Angleterre (très rare) jusqu'à celles du Maroc et dans toute l'étendue de la Méditerranée; nous en avons des exemplaires sous les yeux venant de la baie du Levrier au Sénégal et, au Cap de Bonne-Espérance une forme très voisine est connue sous le nom de *Petricola Ponsonbyi* Sowerby, toujours dans la région littorale.

Localité.—Senhora da Victoria.

Famille XI—DONACIDAE

DONAX TRUNCULUS Linné var. COMMUTATA G. D. et B. C.

Pl. III, fig. 8-9

1767. *Donax trunculus* Linné, Syst. Nat. Ed., xii, p. 1127 (pars).
1780. — — Lin. Born, Test. Mus. Caes. Vindob., p. 54, pl. IV, fig. 3 et 4.
1782. *Serrula laevigata* Chemnitz, Conch. Cab., t. vi, p. 259, pl. XXVI, fig. 253 et 254.
1818. *Donax trunculus* Lin. Lamarck, Anim. sans vert., t. v, p. 551.
1862. — — Lin. Chenu, Manuel de Conch., t. ii, p. 72, fig. 319.
1867. — — Lin. Weinkauff, Conch. des Mittelm., i, p. 61.
1870. — — Lin. Hidalgo, Mol. Mar. España, p. 161, pl. XLVIII, fig. 1-4.
1886. — — Lin. Locard, Prodr. Malacol. franç., p. 412 et 591.
1889. — — Lin. Monterosato, Nota ai *Donax* del Medit., p. 4, pl. II, fig. 1 et 1 *a*.
1893. — — Lin. D. Pantanelli, Lamellib. plioc. ital., p. 224.
1895. — — Lin. Bucquoy, Dautz. et Dollfus, Moll. Roussillon, ii, p. 454, pl. LXVIII, fig. 1-4.
1907. — — Lin. Almera, Descrip. terr. plioc. Barcelona, p. 245 (Sicilien).

Testae cuneiformi, antice oblique truncata, laevi, limbo crenato. (Born).

Linné, comme il a été expliqué déjà par Hanley, a confondu sous le nom de *Donax trunculus* deux formes connues aujourd'hui sous les noms de *Donax trunculus* et *Donax vittatus* Da Costa (D. *anatinuus* Lamk.), mais comme Born en a fixé le type dès 1780, le nom de *Donax trunculus* peut subsister pour l'une des formes, celle qui est spécialement méditerranéenne.

Ce n'est pas que le type de Born soit parfait, sa figure est médiocre et sa diagnose peu précise, long 32 mm. haut 16, mais les conchyliologues se sont entendus sur ce point, et nous avons figuré dans les Mollusques du Roussillon des exemplaires correspondant aux données générales admises.

Un certain nombre de variétés ont été établies:

Var. *adriatica* Monterosato (*Moll. Roussillon*, pl. LXVIII, fig. 5). Plus haute, plus anguleuse, à bord ventral arqué.

Var. *subplana* Monter. Plus large et plus aplatie que le type.

Var. *maxima* B.D.D. = *atlantica* Kobelt. Forme plus grande et plus épaisse. (*Moll. Roussillon*, pl. LXVIII, fig. 7).

Var. *ponderosa* B.D.D. (*Moll. Roussillon*, pl. LXVIII, fig. 8). Forme extrêmement renflée, lourde et épaisse.

Nous avons de Aguas Santas un seul échantillon, très intéressant, qui ne concorde absolument ni avec le type ni avec les variétés indiquées et que nous avons figuré; il mesure 20 mm. de long sur 10 mm. de haut. C'est une coquille elliptique, transverse, le côté lunulaire dorsal, qui est le plus long, est bien rectiligne, le côté ligamentaire court, oblique et droit; le bord ventral est faiblement arqué, il se relie par une longue courbe au côté postérieur, et par une courbe brève au côté antérieur. Le bord palléal interne est crénelé finement, sans que cette denticulation atteigne le bord antérieur. La charnière est faible, elle est pourvue d'une fossette triangulaire et d'une dent centrale accompagnée de deux dents latérales divergentes, subparallèles aux côtés. On n'observe pas de fossette d'insertion interne ligamentaire. La surface est lisse, on remarque seulement sur le côté antérieur, qui est faiblement déclivé, quelques faibles lignes d'accroissement, des stries rayonnantes sont visibles dans l'épaisseur du test mais ne constituent pas une sculpture: nous en formons la variété nouvelle *commutata*.

Cette forme se distingue du type par sa taille plus faible, l'absence d'aucun mouvement ondulé du bord ventral, le côté antérieur relativement un peu plus court, l'absence d'insersion ligamentaire dans la charnière; mais ces caractères sont de médiocre valeur et se retrouvent en partie dans le

Donax laevissimus Duj. du Miocène dont le bord antérieur est un peu saillant et la forme un peu plus profonde. Il n'y a aucun trace de cannelures ou entailles du côté ligamentaire, ce qui éloigne de suite tout le groupe du *Donax venustus* Poli. On distingue le *Donax trunculus* du *D. vittatus* par son côté antérieur plus brusquement tronqué, par l'absence de denticulation sur le bord antérieur interne, par l'absence de sillons rayonnants croisés par les lignes d'accroissement. Aussi nous écartons des références l'indication du *Donax trunculus* Wood (*Crag Mollusca*, pl. XXII, fig. 8), qui se rapporte au *Donax vittatus*.

Deshayes lui rapporte le *Gafet* d'Adanson du Sénégal, mais la figure de cet auteur est si mauvaise et la faune de cette région encore si mal connue, que nous sommes obligés de rester indécis.

Le *Donax trunculus* paraît se relationner avec le *Donax laevissimus* du Miocène qui nous ne paraît du reste guère différent du *Donax minutus* Bronn.

On le signale dans le Pliocène italien au Val d'Andona (Brocchi), dans le Modenais (Coppi), le Plaisancien (Foresti), aux environs de Rome, en Sicile, en Espagne, dans les Alpes Maritimes, etc.

La distribution actuelle, sur les plages sableuses, va des côtes d'Angleterre (très rare), et mieux de la Bretagne, à celles de Maroc et s'étend à la Méditerranée tout entière, ainsi qu'à Madère et aux Canaries.

Localité.—Aguas Santas.

? DONAX VENUSTUS Poli

Nous signalons ici, pour mémoire, en attendant d'autres matériaux, la présence probable du *Donax venustus* Poli. Nous avons un petit échantillon de 5 mm. de longueur sur 2 mm. de hauteur provenant d'Aguas Santas qui paraît bien appartenir à cette espèce, mais l'état de conservation de la région antérieure ne permet pas de préciser l'existence des forts sillons obliques qui sont caractéristiques.

Localité.—Aguas Santas.

DONAX LIMAI n. sp.

Pl. III, fig. 10

Testa trigona, cuneiformi; latere postico obliquo, brevissimo; latere antico declivo, sulcis profundis obliquis ornato; margine ventrali extensa, sinuosa, crenulata; regio centrali striis minutis numerosis paulum perspicuis instructa.

Coquille trigone, cuneiforme; côté dorsal postérieur rectiligne fortement oblique, surface sublisse; côté antérieur faiblement arqué, saillant, fortement déclive, couvert de sillons obliques profonds, au nombre d'une vingtaine; bord ventral courbe, saillant, un peu sinueux du côté postérieur; surface médiane couverte de rayons très fins, nombreux, qui s'effacent sur la région postérieure et qui s'arrêtent brusquement du côté antérieur à la rencontre de la région couverte de sillons obliques; bord palléal crénelé jusqu'à la charnière y compris le bord antérieur; charnière médiocre pourvue de deux sillons latéraux très nets. Longueur 15 mm. hauteur 12 mm. Monte-Real.

Nous ne voyons aucune espèce fossile à laquelle cette espèce puisse être comparée; parmi les formes vivantes, cette coquille fort intéressante a quelques rapports avec le *Nusar* d'Adanson (*Hist. Nat. Sénégal*, pl. XVIII, fig. 3), mais cette espèce ne paraît pas avoir été correctement identifiée jusqu'ici; Deshayes l'a rapportée au *Donax denticulatum* Lamarck, espèce vivante des Antilles, mais une comparaison des échantillons de cette provenance avec la figure et la description d'Adanson ne permettent pas de maintenir cette assimilation. Une autre espèce vivante est encore voisine, c'est le *Donax sordidus* Reeve (Sowerby, *Thesaurus Conch.*, III, pl. CCLXXX, fig. 12), rencontré par Krauss au Cap de Bonne-Espérance.

Nous nous faisons un plaisir de dédier cette forme nouvelle à Mr. Wenceslau de Lima, l'éniment directeur du Service Géologique du Portugal.

Localité.—Monte-Real.

? DONAX ELONGATUS Lamarck

Pl. III, fig. 11-12

Nous devons signaler encore, et nous avons figuré, un fragment très roulé d'un grand Donax qui n'est pas sans analogie avec le *Donax elongatus* Lamarck (non Basterot), le *Pamet* d'Adanson (pl. XVIII, fig. 1) dont le ligament est partiellement logé dans une fossette creusée dans la charnière d'une manière fort curieuse, et dont le côté antérieur est orné de côtes et de sillons. Mais dans notre fragment de Monte-Real ces caractères ne sont que faiblement accusés et sont devenus trop vagues.

Localité.—Monte-Real.

Famille XII—VENERIDAE

TAPES VETULUS Basterot sp. (VENUS)

Pl. III, fig. 13 à 15

1825. *Venus vetula* Basterot, Mém. Géol. env. Bordeaux, p. 89, pl. VI, fig. 7.
1831. — *rotundata* Bronn, Ital. Tertiargeb., p. 99.
1847. — *vetula* Bast. Sowerby in Smith, Age of tert. Beds of the Tagus. Quart Jour.. III, p 412.
1848. *Pullastra vetula* Bast. Desnayes, Traité Élém. Conch., p. 530, pl. XXII, fig. 1 et 2.
1859. *Tapes vetula* Bast. Hoernes, Föss. Moll. Wien, II, p. 113, pl. XI, fig. 1 a à 1 d.
1880. — *sallomacensis* Fisch. Fontannes, Bassin de Crest, p. 167, pl. VI, fig. 5 et 6.
1900. — *vetulus* Bast. Sacco, I Moll. Terr. Terz. Piem., part. XXVIII, p. 52, pl. XII, fig. 1-8.
1906. — *vetulus* Bast. Dollfus et Dautzenberg, Conch. Mioc. moy. Loire, III, p. 176, pl. XII, fig. 1-6.

Testa transversa, transverse rugosa, rugis caducis, natibus frequentissime decorticatis; margine integro. (Basterot).

Le type du *Tapes vetula* figuré par Mr. de Basterot mesure 52 mm. de long sur 32 mm. de haut, transversalement ovalaire, il est orné de côtes concentriques, fortes, arrondies, régulières qui constituent une zône superficielle fragile qui tombe fréquemment, laissant à la coquille un aspect décortiqué presque lisse.

Les variétés signalés sont nombreuses:

Var. *Sallomacensis* Fischer. Erigée en espèce et figurée par Fontannes, assez grande, étendue transversalement et ornée de côtes régulières plus accusées, plus fortes et moins nombreuses.

Var. *pedemontana* Sacco (pl. XII, fig. 2). Côté antérieur plus allongé, côtes concentriques toujours plus fines.

Var. *sulculellata* Sacco (pl. XII, fig. 7). Forme encore plus petite que la précédente, côtes concentriques plus fines et plus nombreuses.

Var. *plioglabroides* Sacco (pl. XII, fig. 8). Grande variété mesurant 75 mm. de long sur 50 de haut; côtes concentriques déprimées, oblitérées latéralment, surfaces devenant presque lisses.

Comme nous avons expliqué déjà ailleurs, nous considérons la variété *pliocenica* Foresti (*Contrib. Conch. terz. ital.*, III, p. 15, fig. 10) et *Genei* Michelotti (Sacco, pl. XII, fig. 3–5) comme se confondant avec le type. La var. *vigolenensis* Sacco (pl. XII, fig. 1) représentée fort incomplètement se confond provisoirement avec la var. *pedemontana*.

Nous sommes plus incertains sur les figures de Hoernes qui ont paru assez distinctes à Foresti pour l'établissement d'un *Tapes vindobonensis*, les éléments nous manquant pour élucider cette question. Voyez aussi *T. intermedius* Namias, *Moll. plioc. Castellarquato*, p. 175 (1898).

Les beaux exemplaires de *Tapes vetula* recueillis à Negreiro se rapprochent sensiblement de la variété *plioglabroides* Sacco, le plus grand atteint 90 mm. de long sur 58 mm. de haut, le côté antérieur est bien arrondi, mais le côté postérieur est obliquement tronqué pour rejoindre plus rapidement la région ligamentaire qui forme une ligne droite tombant obliquement sur la précédente. La surface est presque lisse; au-dessous de la région cardinale qui est décortiquée, les plis concentriques sont réduits à des sillons inégaux d'accroissement. Quelques débris provenant de Aguas Santas montrent au contraire des sillons très accusés, bien arrondis, concordants avec le type.

Nous avons pensé autrefois devoir rapporter au *Tapes aenigmaticus* Fischer et Tournouer le *Tapes vetula* signalé par les anciens auteurs dans le Tertiaire du Portugal, mais d'après les nouvelles découvertes nous avons la démonstration que les deux espèces y existent conjointement [1].

Le *Tapes vetula* débute dans l'Aquitanien, il est très bien développé dans le Miocène de l'Europe occidentale et centrale, il passe dans le Plaisancien; il paraît représenté dans les mers actuelles et dès le Pliocène supérieur par le *Tapes rhomboïdeus* Pennant (*Tapes virginea* Linné, pars).

Localité.—Aguas Santas, Negreiro.

VENUS (CIRCOMPHALUS) PLICATA Gmelin

1780. *Venus cancellata* Born (*non* Linné), Test. Mus. Caes. Vindob., p. 61, pl. IV, fig. 9.
1782. — *foliaceo-lamellosa*, etc., Chemnitz, Conch. Cab., t. vi, p. 299, pl. XXVIII, fig. 295–297.
1788. — *plicata* Gmelin, Syst. Nat. Ed., xiii, p. 3276.
1814. — — Gmel. Brocchi, Conch. foss. subap., ii, p. 542.
1839. — — Gmel. Goldfuss, Petref. Germ., ii, p. 248. pl. CLI, fig. 9.
1848. — — Gmel. Lamarck (Ed. Deshayes), Anim. sans vert., t. vi, p. 341.
1862. — — Gmel. Hoernes, Moll. Foss. Wien., ii, p. 132, pl. XV, fig. 4–6.
1881. — — Gmel. Fontannes, Moll. Plioc. Rhône, ii, p. 52, pl. III, fig. 3.
1893. — *pliocenica*, De Stefani, Icon. Nuovi Moll. plioc. dintorni Siena, p. 13.
1900. — *plicata* Gmel. Sacco, 1 Moll. Ter. Terz. Piem., part. xxviii, p. 43, pl. X, fig. 15–19, etc.
1901. — — Gmel. Trentanove, I Mioc. Medio di Popogna, p. 539, pl. VIII, fig. 13–17.
1904. — — Gmel. Dollfus, Cotter et Gomes, Moll. Tert. Portugal, (Planches Costa) XIII, fig. 1–4.

V. testae striis transversis membranaceis arcuatis, ano rubello cordato: labiis obliquis. (Gmelin).

Le type de Gmelin paraît basé sur la figure de Chemnitz qui représente une grande coquille de 72 mm. de long, sur 67 mm. de hauteur, l'angle de la région ligamentaire est bien accusé, les lamelles fortes et espacées, la charnière très couchée, le bord crénelé, la lunule bien circonscrite.

Cette forme a été très anciennement connue, car on pourrait citer des figures de Lister, d'Argenville, Gualtieri, Knorr et Walch, etc., elle est représentée actuellement dans les mers chaudes par deux espèces, l'une du Sénégal (*Venus plicata*), l'autre de l'Océan Indien (*Venus peruviana*), mais contrairement à ce que pensait Mr. de Stefani, et à ce que a cru Mr. Sacco, le type de Gmelin est l'espèce de la côte d'Afrique, il forme la descendance directe de l'espèce fossile qui nous occupe, et nous pouvons seulement admettre que l'espèce vivante est une mutation de la forme fossile, mais ce n'est pas une espèce différente.

---

[1] D.C.G., Moll. Tert. Port., Planches Costa, p. 34.

On peut distinguer les variétés qui suivent:

Var. *impressa* Marcel de Serres (*Geog. Terr. Tert. Midi*, p. 149, pl. VI, fig. 6). Forme de taille plus faible, provenant du Miocène, voir Trentanove, pl. VIII, fig. 15; c'est probablement aussi la var. *triangula* Sacco, pl. X, fig. 21.

Var. *subplicata* d'Orbigny (*Prod. de Paléont.*, III, p. 107) fondée sur Goldfuss, pl. CLI, fig. 9 *a, b* (*tantum*). Forme épaisse et gonflée (fide Sacco, car d'Orbigny ne dit rien de positif).

Var. *pliocenica* de Stefani. Forme régulière, Trentanove, pl. VIII, fig. 13; il faut y réunir var. *transversa* Sacco, fondé sur Goldfuss, pl. CLI, fig. 9 *d, e*, plus développée transversalement, et var. *lamellosa* Sacco, pl. X, fig. 22, à lamelles concentriques plus nombreuses et plus rapprochées.

Var. *Popognensis* Trentanove, pl. VIII, fig. 16. Forme obronde, épaisse, à lamelles nombreuses, serrées, faibles.

Var. *crassatelliformis* Pusch, *Polens Palaeont.*, p. 74, (Trentanove, pl. VIII, fig. 14). Forme petite crassatelliforme, à lamelles faibles et rapprochées.

Je suis plus incertain sur la var. *subplicatopsis* De Gregorio, fondée sur Hoernes, pl. XV, fig. 4, que je ne distingue pas bien, et je laisserai de côté les var. *Druentica* Fontannes et *Quararensis* De Gregorio, qui n'ont pas été figurées. La var. *Dertonensis* Sacco paraît fondée sur un exemplaire du Tortonien, en partie décortiqué.

Nos échantillons de Monte-Real sont en trop mauvais état pour pouvoir en donner les dimensions précises; l'angle antérieur est bien accusé, les lamelles assez espacées surtout au voisinage de la charnière, un peu aplaties; la lunule réduite; le crochet sensiblement moins saillant que dans les figures du Miocène du Portugal de Costa, ils rentrent dans la variété *pliocenica* de Stefani, qui est d'ailleurs fort étendue.

Cette espèce apparaît dans l'Aquitanien, c'est-à-dire au début du Miocène, dans les bassins de l'Europe méridionale: Bordelais, Portugal (du Burdigalien au Tortonien), Catalogne, Italie, Suisse, Autriche, Hongrie, Transylvanie, Pologne. Son extension au Pliocène (Plaisancien et Astien) est aussi très vaste: en Espagne, dans le Midi de la France, dans l'Italie du Nord et du Sud, etc., elle ne paraît avoir jamais atteint les bassins tertiaires du Nord de l'Europe, et avoir abandonné la latitude méditerranéenne à la fin du Pliocène, pour se confiner depuis le Pleistocène dans la région tropicale littorale africaine.

Localité. — Monte-Real.

VENUS (VENTRICOLA) VERRUCOSA Linné

Pl. III, fig. 16 à 18

1767. *Venus verrucosa* Linné, Syst. Nat., xii, p. 1130.
1782. — — Lin. Chemnitz, Conch. Cab., vi, p. 303, pl. XXIX, fig. 299 *a*, 299 *b* et 300.
1814. — — Lin. Brocchi, Conch. foss. subap., p. 545.
1845. — — Lin. Agassiz, Icon. Coq. tert., p. 32, pl. V, fig. 1-8.
1859. — — Lin. Sowerby, Illust. Index Brit. Shells, pl. IV, fig. 13.
1870. — — Lin. Hidalgo, Mol. Mar. España, p. 154, pl. XXII, fig. 3 et 4.
1882. — — Lin. Fontannes, Moll. Plioc. Rhône, ii, p. 59, pl. III, fig. 12.
1893. — — Lin. Bucquoy, Dautzenberg et Dollfus, Moll. Roussillon, ii, p. 363, pl. LVII, fig. 1-8.
1900. — — Lin. Sacco, I Moll. Terr. Terz. Piem., part. xxviii, p. 28, pl. VII, fig. 13-16.
1900. — — Lin. Pallary, Coq. mar. litt. Oran, Jour. Conch., vol. xlviii, p. 398.
1905. — — Lin. Gentil et Boistel, Gisem. plioc. Tetouan, Comptes-rendus, p. 2.
1908. — — Lin. Cerulli-Irelli, Fauna Malac. Mariana, p. 50, pl. X, fig. 3-5.

Testa subcordata, sulcis membranaceis, striatis, reflexis, antice imprimis verrucosis; margine crenulato. (Linné).

Linné n'indique comme figuration de son *Venus verrucosa* qu'une figuré médiocre de Gualtieri (Pl. LXXV, fig. *H*), qui mesure 44 mm. dans ses deux diamètres et qui est crêpue au bord palléal sur toute son étendue. Hanley nous apprend que les spécimens de Linné concordent le mieux avec les figures de Crouch (*Illust. Introd. Lamarck's Conchology,* pl. VII, fig. 6 *a* et 6 *b*). Espèce obronde, à peine transverse, à côtes fortes, entièrement crépues.

Nous relevons les variétés suivantes:

Var. *major* B.D.D. Forte taille atteignant 60 à 65 mm. dans les diamètres.

Var. *transversa* B.D.D. (*Moll. Roussillon,* pl. LVII, fig. 8). Hauteur 43 mm., largeur transversale 50 mm.

Var. *tumida* B.D.D. (*Moll. Roussillon,* pl. LVII, fig. 7). Forme renflée subglobuleuse.

Var. *costicellatissima* Sacco, pl. VII, fig. 17. Côtes nombreuses et serrées, peu crépues; passe au *V. versatilis* D.D.

Var. *orbiculata* Sacco, pl. VII, fig. 19. Forme arrondie, de petite taille, très peu crépue et seulement latéralement.

J'éliminerai, provisoirement du moins, du voisinage, le *V. tauroverrucosa* Sacco, pl. VII, fig. 20–24, qui ne paraît une espèce bien distincte.

Dans l'échantillon des faluns de la Touraine que nous avons figuré, (pl. XIV, fig. 1) les côtes sont très espacées et peu épaisses, le côté postérieur est seul fortement crépu, des matériaux complémentaires seraient très nécessaires. Mr. L. Tausch pense que le *V. verrucosa* du Miocène de Vienne doit être en réalité assimilé au *V. simulans* Sowerby vivant du Cap-Vert. *Jahr. Mal. Gesels.,* xi, p. 187, fig. 1 et 2 (1884).

Il y a lieu de rapporter quelques-uns des échantillons du *V. verrucosa* que nous avons de Nadadoiro à la variété *tumida*, ils mesurent 33 mm. de hauteur sur 34 mm. de largeur, ils sont peu crépus mais bien bombés. D'autres échantillons de la même localité ont une ornementation bien plus accentuée, on compte entre les côtes principales de 1 à 3 lamelles secondaires très fines, l'ornementation crépue est marquée principalement sur les côtés, la forme générale est bien ovalaire, la fig. 13 de la planche VII de Mr. Sacco s'y rapporte convenablement, les échantillons que nous avons de Aguas Santas et de Selir do Porto suivent le même classement.

Le *Venus verrucosa* est rare dans le Miocène mais il se développe grandement dans le Plaisencien et l'Astien. A l'époque actuelle on le connaît depuis la côte d'Irlande (rare) jusqu'au Sénégal, où c'est tout probablement la *Clonisse* d'Adanson, aux Canaries et dans toute l'étendue de la Méditerranée.

L'habitat est dans les sables littoraux souvent un peu vaseux.

Localités.—Aguas Santas, Negreiro, Nadadoiro, Selir do Porto.

VENUS (TIMOCLEA) OVATA Pennant

Pl. III, fig. 19-20

1777. *Venus ovata* PENNANT, Brit. Zool. IV, p. 97, pl. LVI, fig. 56.
1804. — — Penn. MATON et RACKETT, Descrip. Catal., VIII, p. 85, pl. II, fig. 4.
1814. — *radiata* BROCCHI (*non* Chemnitz *nec* Sowerby), Conch. foss. subap., II, p. 543, pl. XIV, fig. 3.
1822. — *ovata* Penn. TURTON. Dithyra Brit. p. 150, pl. IX, fig. 3.
1841. — *pectinula* Lam. DELESSERT, Rec. Coq. de Lamarck, pl. X, fig. 3.
1844. — *spadicea* Renier NYST, Descrip. Coq. tert. Belgique, p. 165, pl. XI, fig. 3.
1859. — *ovata* Penn. SOWERBY, Illust. Index Brit. Shells, pl. IV, fig. 15.
1862. — — Penn. HOERNES, Foss. Moll. Wien, II, p. 139, pl. XV, fig. 12.
1870. — — Penn. HIDALGO, Mol. Mar. España, p. 155, pl. XXIV, fig. 1, pl. LXXIII, fig. 1.
1882. — — Penn. FONTANNES, Moll. Plioc. Rhône, II, p. 63, pl. IV, fig. 1.
1893. — — Penn. BUCQUOY, DAUTZENBERG et DOLLFUS, Moll. Roussillon, II, p. 377, pl. LIX, fig. 12-23.
1900. — — Penn. SACCO, I Moll. Terr. Terz. Piem., part. XXVIII, p. 45, pl. X, fig. 29-33.
1903. — — Penn. BERKELEY COTTER, Moll. Tert. Portugal, p. 41 (Tortonien de Cacella).
1905. — — Penn. DOLLFUS et DAUTZENBERG, Conch. Mioc. moy. Loire, III, p. 207, pl. XI, fig. 40-47.
1905. — — Penn. GENTIL et BOISTEL, Gisem. plioc. Tetouan, Comptes-rendus, 26 Juin.
1905. — — Penn. DOLLFUS, Faune Malac. Mioc. sup. Gourbesville, Ass. Fr. Av. Sc., p. 363.
1908. — — Penn. CERULLI-IRELLI, Fauna Malac. Mariana, p. 58, pl. XII, fig. 1-10.

Testa rotundato-trigona, albido-fulvo, longitudinaliter sulcata, sulcis crenulatis, radiantibus; ano ovato. (Lamarck).

Le type de Pennant est une forme obronde, trapézoïde, ayant 15 mm. de diamètre latéral et 12 mm. de haut, l'ornementation rayonnante est fine et régulière (*Moll. Roussillon*, pl. LIX, fig. 12-15). Les variétés sont les suivantes:

Var. *trigona* Jeffreys (*Moll. Roussillon*, pl. LIX, fig. 16 et 17). Forme trigone, ornementation atténuée vers les sommets.

Var. *transversa* B.D.D. (*Moll. Roussillon*, pl. LIX, fig. 18 et 19). Diamètre antéro-postérieur sensiblement développé, rayons élargis, disposés en éventail.

Var. *paucicostata* B.D.D. (*Moll. Roussillon*, pl. LIX, fig. 20 et 21). Forme ovalaire, côtes arrondies, moins nombreuses.

Var. *major* Cocconi. Dépassant 16 mm. dans le diamètre antéro-postérieur.

Var. *minor* D.D. (*Conchyl. Mioc. Loire*, pl. XI, fig. 40-47). Taille petite, ornementation très atténuée.

Var. *subrotunda* Sacco (pl. X, fig. 34-39). Forme moins allongée, plus arrondie.

Var. *granulosa* Sacco (pl. X, fig. 37). Sculpture grossière, aspect treillissé.

Var. *tauroscalaris* Sacco (pl. X, fig. 38 et 39). Ornementation transversale dominant l'ornementation rayonnante, aspect très spécial. Nous nous demandons si les échantillons indiqués comme var. *cancellata* par Mr. Cerulli-Irelli ne représentent pas simplement une altération du test.

Les échantillons, peu nombreux, d'Aguas Santas n'ont pas plus de 9 mm. sur 7 mm., la forme est typique, l'ornementation peu accusée, ils se rapprochent le mieux de la variété *minor*.

Le *Venus ovata* est une coquille très commune dans le Néogène, il débute dans le Miocène du Nord et du Midi, se propage dans le Pliocène depuis l'Angleterre jusqu'au Maroc et dans la Méditerranée de l'Algérie jusqu'à la Syrie; à l'époque actuelle elle va depuis les Iles Shetland jusqu'au Canaries, aux Açores et au Cap-Vert (Dautzenberg 1906), et pénètre dans la Méditerranée tout entière. Il n'y a donc pas grand'chose à en tirer comme renseignement stratigraphique.

L'habitat vertical est très étendu aussi, on rencontre cette espèce depuis le rivage jusqu'à 2.000 mètres et plus de profondeur.

Localité.—Aguas Santas.

VENUS (CLAUSINELLA) FASCIATA Da Costa sp.
(PECTUNCULUS)

Pl. IV, fig. 3 à 10

1778. *Pectunculus fasciatus* Da Costa, Brit. Conch., p. 188, pl. XIII, fig. 3.
1782. *Anus rugosa* Chemnitz, Conch. Cab., vi, p. 290, pl. XXVII, p. 277 et 278.
1814. *Venus dysera* Brocchi (*non* Linné), Conch. foss. subap., ii, p. 541 (pars).
1822. — *fasciata* Da Costa, Turton, Dithyra Brit., p. 146, pl. VIII, fig. 9.
1826. — *Brongniarti* Payraudeau, Moll. de Corse, p. 51, pl. I, fig. 23-25.
1853. — — Payr. Bronn, Lethaea Geogn., iii, p. 405, pl. XXXVIII, fig. 5.
1853. — *fasciata* Da Costa, Wood, Crag Moll., ii, p. 211, pl. XIX, fig. 5 a-c.
1859. — — Da Costa, Sowerby, Illust. Index Brit. Shells, pl. IV, fig. 14.
1870. — — Da Costa, Hidalgo, Mol. Mar. España, p. 155, pl. XXJV, fig. 5-12.
1893. — — Da Costa, Bucquoy, Dautz. et Dollfus, Moll. Roussillon, ii; p. 382, pl. LIX, fig. 1-11.
1900. *Clausinella fasciata* Da Costa, Sacco, I Moll. Terr. Terz. Piem., part. xxviii, p. 39, pl. IX, fig. 36.
1903. *Venus fasciata* Da Costa, Dollfus, Cotter et Gomes, Moll. Tert. Portugal, pl. XII, fig. 7-12.
1905. — — Da Costa, Dollfus, Faune Malac. Mioc. sup. Gourbesville, Ass. Fr. Av. Sc., p. 363.
1908. — — Da Costa, Cerulli-Irelli, Fauna Malac. Mariana, p. 57, pl. XI, fig. 32-42.

Testa orbiculo-cordata, compressa, costis transversis latis, planatis laevibus. (Turton).

Testa rotundato-trigona, compressa, transversim costata; costis latis, depressis, inaequalibus, lunula ovato-depressa, tenuissime striata, marginibus minutissime crenatis, cardine tridentato, altero bidentato. (Deshayes). *Traité de Conchyl.*, i, p. 562.

Le *Venus fasciata* est une espèce très critique, la figure originale de Da Costa représente un exemplaire obrond, mesurant 22 mm. de long sur 19 de haut, à côtes concentriques régulièrement espacées, nettement saillantes, dont les figures 1 à 4, pl. LIX, des *Moll. du Roussillon*, peuvent donner une idée. Mais les variations sont extrêmement nombreuses. Nous éliminons de suite comme espèce distincte le *Venus Basteroti* Desh. espèce du Miocène, Sacco, pl. IX, fig. 50 et 51, qui est pourvue de lamelles élevées, lamelleuses et dont la forme générale est sensiblement plus trigone. Quant au *Venus scalaris* de Bronn, espèce du Pliocène, il est bien difficile de ne pas y voir une variété du *V. fasciata*, c'est une forme arrondie qui se distingue par les lamelles plus fortes, recourbées, creusées, (Sacco, pl. IX, fig. 44 et 45), il est basé sur *V. dysera* Brocchi, non Lin., var. *major*. Il est vrai que dans la forme vivante on constate des variations tout aussi graves, nous relevons:

Var. *rudis* B.D.D. (*Moll. Roussillon*, pl. LIX, fig. 5–9). Forme un peu trigone, élevée, dans laquelle les lamelles ou côtes sont soudées en séries irrégulières et donnent des bourrelets concentriques inégaux. (Sacco, pl. IX, fig. 41–43).

Var. *raricostata* Jeffreys (Sacco, pl. IX, fig. 37–39). Forme de petite taille, à côtes lamelleuses, dressées, espacées, avoisinant plus le *V. Basteroti*. Figurée dans les planches de Pereira da Costa, pl. XII, fig. 7–12.

Var. *Brongniarti* Payrandeau (*Moll. Roussillon*, pl. LIX, fig. 8 et 9). Taille médiocre, côtes transverses, peu nombreuses, fortes, souvent réfléchies à leur sommet, avoisinant le plus le *V. scalaris*.

Var. *imbricata* Sowerby (Wood, pl. XIX, fig. 3). Forme arrondie, très épaisse, lourds cordons concentriques irréguliers, charnière très robuste.

Les échantillons que nous possédons d'Aguas Santas et de Nadadoiro se rapportent à deux types différents qui offrent tous les passages, les uns se rapportent à la variété *rudis* B.D.D., de forme subtrigone, très aplatie, largeur 17 mm., hauteur 15 mm., les côtes irrégulièrement soudées forment des cordons irréguliers séparés par des sillons profonds (pl. IV, fig. 5–10); les autres pour lesquels nous n'hésitons pas à créer une variété nouvelle: var. *sulcata*, sont nettement transverses, 20 mm. de long sur 17 mm. de haut, la surface est ornée de côtes subrégulières, subégales, arrondies, aplaties, qui se relèvent légèrement en lamelles du côté postérieur; les crénelures du bord palléal sont très inégalement visibles (pl. IV, fig. 3–4), ce ne sont pas du tout les formes du Tortonien de Cacella.

Comme distribution stratigraphique, ayant éliminé les faunes miocènes ancestrales, nous nous trouvons en présence d'une espèce bien développée dans le Pliocène du Nord et du Midi de l'Europe et qui dans les mers actuelles se rencontre depuis les côtes de la Norvège jusqu'à Madère et dans la plus grande partie de la Méditerranée; sa signification est donc aussi très étendue et les variétés délimitées jusqu'ici ne caractérisent par des subdivisions précises dans le Pliocène.

L'habitat est dans les sables graveleux de la zone des Corallines.

Localités.—Aguas Santas, Nadadoiro.

MERETRIX (CALLISTA) CHIONE Linné sp. (VENUS)

Pl. IV, fig. 1-2

1767. *Venus chione* Linné, Syst. Nat. Édit., xii, p. 1131.
1782. — — Lin. Chemnitz, Conch. Cab., vi, p. 314, pl. XXXII, fig. 343.
1814. — — Lin. Brocchi, Conch. foss. subap., ii, p. 547.
1818. *Cytherea chione* Lin. Lamarck, Anim. sans vert., v, p. 566.
1822. — — Lin. Turton, Dithyra Brit., p. 160, pl. VIII, fig. 11.
1845. — *laevis* Agassiz, Iconog. Coq. Tert., p. 46, pl. X, fig. 6-9.
1845. — *chione* Lin. Agassiz, Id., p. 45, pl. X, fig. 10-13.
1853. — — Lin. Wonn, Crag Moll. ii, p. 207, pl. XX, fig. 4 (var).
1859. — — Lin. Sowerby, Illustr. Index Brit. Shells, pl. IV, fig. 23.
1867. — — Lin. Weinkauff, Conch. des Mittelm., ii, p. 116.
1870. *Callista* — Lin. Hidalgo, Mol. Mar. España, p. 153, pl. VII, fig. 5, pl. VIII, fig. 1-3.
1881. *Cytherea* — Lin. Fontannes, Moll. Plioc. Rhône, ii, p. 66, pl. IV, fig. 3-5.
1893. *Meretrix* — Lin. Bucquoy, Dautzenberg et Dollfus, Moll. du Roussillon, ii, p. 323, pl. LII, fig. 1-10.
1900. *Callista* — Lin. Sacco, I Moll. Terr. Terz. Piem., part. xxviii, p. 12, pl. II, fig. 3-6.
1905. *Meretrix* — Lin. G. Dollfus, Faune Malac. Mioc. sup. Gourbesville, Ass. Fr. Av. Sc., p. 363.
1908. — — Lin. Cerulli-Irelli, Fauna Malac. Mariana, p. 43, pl. VIII, fig. 8-10, pl. IX, fig. 1-3.

Testa cordata transverse subrugosa laevi, cardinis dente posteriori lanceolato. Margo integerrimus est. (Linné).

Le type linnéen est bien fixé, les figures de Gualtieri et de Regenfuss le précisent, les autres références sont discutables, le type demeuré dans sa collection concorde avec les bonnes figures donnés par Turton, c'est donc une coquille bien ovalaire ayant 60 mm. de longueur sur 50 mm. de hauteur, quelques plis concentriques s'observent vers le bord dans la région antérieure et sur la région postérieure dans le plan sous-ligamentaire; la figure de Gualtieri est sensiblement plus grande, ayant 82 mm. sur 65 de haut, et fort imparfaite dans les détails, mais elle donne une impression qui est bien celle des grands échantillons océaniques.

Le *Meretrix chione* est très intéressant au point de vue de l'évolution, car on peut en trouver la souche ancestrale dès l'Eocène et l'Oligocène. Au Miocène c'est le *Meretrix italica* Defrance (*Cytherea pedemontana* Ag.) qui le précède immédiatement; cette espèce miocène est plus petite de taille, de forme un peu trigone, plus haute proportionellement à son diamètre antéro-postérieur, et surtout porte à sa surface de gros plis concentriques irréguliers développés surtout sur les côtés et vers le bord. Pendant le Pliocène on rencontre une foule d'intermédiaires développés en divers sens qui ont été considérés soit comme espèces spéciales soit comme variétés. Nous indiquerons les principales, en rappelant que Fontannes a déjà examiné attentivement le même sujet.

Var. *elongata* B.D.D. (*Moll. Roussillon*, pl. LII, fig. 10). Forme transversalement plus allongée.

Var. *brevior* B.D.D. (*Moll. Roussillon*, pl. LII, fig. 8 et 9). Forme haute et réduite transversalement; c'est sensiblement la variété *subalpina* Sacco.

Var. *major* B.D.D. (*Moll. Roussillon*, p. 328). Diamètre antéro-postérieur 110 mm., diamètre umbono-ventral 85 mm. (*Callista pedemontana* var. *gigantea* Bronn?).

Var. *puella* Philippi (Sacco, pl. II, fig. 12-14). Forme considérée comme espèce par Mr. Sacco, c'est une variété de petite taille et de forme un peu trigone par suite du contour postérieur un peu plus anguleux.

Les échantillons de Nadadoiro ont 68 mm. sur 50 mm., d'autres de Negreiro ont 80 mm. sur 60 mm. et 65 mm. sur 50 mm., des fragments prouvent que l'espèce vivait à Aguas Santas. La forme est plus grande et moins haute que dans les échantillons du Miocène, les côtes concentriques se réduisent à des rides peu marquées comme dans les échantillons vivants, la charnière est médiocre et bien couchée.

Au point de vue de la classification nos échantillons paraissent donc bien intermédiaires entre les formes miocènes et celles vivantes, ils précisent le caractère pliocène des gisements que nous étudions, bien analogues à ceux du Plaisancien du Monte Mario près Rome. Mr. Dautzenberg dans sa récente étude des matériaux dragués par le Prince de Monaco (Part. xxxii, p. 81), indique que le *M. chione* habite les plages sableuses dans la Méditerranée et l'Océan Atlantique depuis les côtes de l'Irlande jusqu'aux îles Madère, Canaries, Açores.

Localités.—Aguas Santas, Negreiro, Nadadoiro.

DOSINIA EXOLETA Linné sp. (VENUS)

Pl. IV, fig. 11 à 16

1758. *Venus exoleta* Linné, Syst. Nat., X, p. 688, (type du Nord).
1780. — — Lin. Born, Test. Mus. Caes. Vindoh., p. 73, pl. V, fig. 9.
1822. *Cytherea exoleta* Lin. Turton, Dithyra Brit., p. 162, pl. VIII, fig. 7.
1843. *Dosinia exoleta* Lin. Deshayes, Traité Élém. de Conch., i, p. 619, pl. XX, fig. 9-11.
1845. *Artemis exoleta* Lin. Agassiz, Iconog. Coq. Tert., p. 20, pl. III, fig. 15-17.
1850. — *lentiformis* Sow. Wood, Crag Moll., i, p. 215, pl. XX, fig. 7.
1862. *Dosinia exoleta* Lin. Hoernes, Foss. Moll. Wien, ii, p. 143, pl. XVI, fig. 2.
1881. *Artemis exoleta* Lin. Nyst, Conch. Terr. Tert. Belgique, p. 212, pl. XXIII, fig. 6.
1882. — — Lin. Fontannes, Moll. Plioc. Rhône, ii, p. 70, pl. IV, fig. 10 et 11.
1893. *Dosinia exoleta* Lin. Bucquoy, Dautzenberg et Dollfus, Moll. du Roussillon, ii, p. 310, pl. LIV, fig. 1-11.
1900. — — Lin. Sacco, I Moll. Terr. Terz. Piem., part. xxviii, fig. 48, pl. XI, fig. 7-9.
1904. — — Lin. Berkeley Cotter, Moll. Tert. Portugal, p. 43, (Tortonien de Cacella).
1906. — — Lin. Dollfus et Dautzenberg, Conch. Mioc. moy. Loire, p. 224, pl. XV, fig. 8-14.
1908. — — Lin. Cerulli-Irelli, Fauna Malac. Mariana, p. 45, pl. IX, fig. 20-21.

V. testa lentiformi, transversim striata, pallida obsolete radiata, ano cordata. (Linné).

La diagnose de Linné est extrêmement brève, et les citations qu'il a données bien que nombreuses sont médiocres, celle de Lister, Pl. CCXCI, p. 127, type de Guernesey, peut la mieux être retenue, Hanley en a fait la critique et il indique que le spécimen de cette coquille conservé dans la collection de Linné correspond à la figure donnée par Poli in *Test. utr. Siciliae,* Pl. XXI, fig. 10. Le type est donc une forme de taille médiocre, de 32 mm. sur 30 mm. de hauteur, c'est-à-dire presque exactement circulaire, pourvu de côtes concentriques régulières assez fines et serrées avec zones d'accroissement périodiques.

Mr. Cerulli-Irelli rappelle une var. *lentiformis* Sow. sp. (*Venus*) dont la forme est plus déprimée et les lamelles concentriques très serrées, commune, parait-il, dans le Pliocène d'Italie et d'Angleterre, nous ne la distinguons pas bien.

La variété *Cotan* Adanson (*Hist. Nat. Sénégal,* p. 224, Pl. XVI, fig. 4), est d'une taille plus forte, 45 mm. à sillons concentriques plus accusés.

Var. *complanata* Agassiz, (*Icon. Coq. tertiaires,* p. 25, Pl. III, fig. 18-21). Taille moyenne, un peu elliptique, transverse, hauteur 39 mm., largeur 43 mm., comprimée, à sillons très fins, et rapprochés.

Var. *ponderosa* B.D.D. (*Moll. Roussillon,* Pl. LIV, fig. 9). Coquille épaisse, plus haute en proportion, sculpture plus grossière et plus irrégulière.

Var. *major* B.D.D. (*Moll. Roussillon,* p. 345). Diamètre d'environ 50 mm. (*Conchyl. Mioc. moyen. Loire,* Pl. XV, fig. 9).

Nous avons de Nadadoiro (pl. IV, fig. 16) de nombreux échantillons bien bombés, appartenant à la forme typique. De Negreiro et d'Aguas Santas nous ayons d'autres exemplaires, nombreux aussi, qui appartiennent par leur ornementation fine, leur forme comprimée à la variété *complanata* Agassiz (Pl. IV, fig. 13-15) et qui par leur taille atteignant 50 mm. appartiennent à la var. *major* (Pl. IV, fig. 11 et 12), beaucoup de ces échantillons extrêmement fragiles perdent leur lamelles d'ornementation et prennent un aspect dénudé qui peut tromper sur leur véritable caractère (pl. IV, fig. 11-15).

Le *Dosinia exoleta* se rencontre dans les dépôts du Miocène de presque toute l'Europe, cependant Mr. Sacco le considère comme appartenant spécialement au Pliocène Astien en Piémont. Il se propage dans le Plaisancien et l'Astien du Nord et du Midi, de l'Angleterre, de l'Algérie et de l'Archipel.

Dans les mers actuelles il va dans l'Atlantique des Iles Shetland, limite extrême, jusqu'au Sénégal et occupe presque toute la Méditerranée, c'est une forme franchement littorale. (Cap-Vert, Tausch).

Localités.—Aguas Santas, Negreiro, Nadadoiro, Monte-Real.

Famille XIII—LUCINIDAE

LUCINA (DIVARICELLA) DIVARICATA Linné
var. ROTUNDOPARVA Sacco

Pl. III, fig. 25-26 et fig. 27 à 29

1766. *Tellina divaricata* LINNÉ, Syst. Nat., xII, p. 1120.
1795. — *digitaria* POLI (*non* Linné), Test. utri. Siciliae, I, p. 47, pl. XV, fig. 25 (fig. grossie).
1831. *Lucina divaricata* Lin. BRONN, Ital. Tertiargeb, p. 94 (pars).
1836. — *commutata* PHILIPPI, Enum. Moll. Siciliae, I, p. 32, pl. III, fig. 15.
1851. *Loripes divaricata* Lin. WOOD, Crag Moll. II, p. 137, pl. XII, fig. 4.
1859. *Lucina* — Lin. SOWERBY, Illust. Index Brit. Shells, pl. V, fig. 14.
1863. *Loripes divaricatus* Lin. JEFFREYS, British Conch., II, p. 235, pl. XXXII, fig. 5.
1870. *Lucina divaricata* Lin. HIDALGO, Mol. Mar. España, p. 147, pl. LXXIV, fig. 6.
1893. — — Lin. PANTANELLI, Lamellib. plioc., p. 255.
1898. *Divaricella divaricata* Lin. BUCQUOY, DAUTZ. et DOLLFUS, Moll. mar. Rouss., II, p. 629, pl. XC, fig. 1–7.
1898. *Lucina divaricata* Lin. ALMERA et BOFILL, Mol. plioc. Cataluña, p. 141.
1900. *Divaricella divaricata* Lin. PALLARY, Coq. mar. litt. Oran, Jour. Conch., vol. XLVII, p. 413.
1901. — — Lin. SACCO, I Moll. Ter. Terz. Piem., part. XXIX, p. 99, pl. XXIX, fig. 14 et 15.
1903. *Lucina ornata* DOLLFUS, COTTER et GOMES (*non* Agassiz), Moll. Tert. Portugal, pl. XVIII, fig. 1 et 2.

Testa subglobosa alba bifariam oblique striata.

Testa magnitidine pisi subcompresso globosa, gibba. Striae tenuissimae bifariam ad utrunque latres ductae. (Linné).

Var. *rotundoparva* Sacco. *Testa minor, rotundatior; sulculi superficiales perspicuiores; dentes cardinales sat eminentes.*

Il importe de nous reporter au type linnéen, qui n'a pas été figuré, mais qui est indiqué par Hanley comme concordant avec la figure donnée plus tard par Philippi sous le nom de *L. commutata*. C'est cette forme que nous avons représentée dans les *Moll. Rouss.* pl. 90, fig. 1–5, c'est une espèce médiocre, de 10 mm. de diamètre, bien arrondie, qui est ornée de lignes d'ornementation à double courbure peu profondes, assez nombreuses et rapprochées. Dans le Miocène la même espèce est représentée par une forme bien plus robuste, assez grande, de 20 mm. de diamètre, ornée de sillons profonds et serrés, c'est le *L. ornata* Agassiz à laquelle s'appliquent la plupart des citations données par Mr. Sacco. (Sacco, pl. XXIX, fig. 16–18). Nous insistons sur les différences qui séparent ces deux espèces dans le fascicule IV des *Coquilles du Miocène moyen de la Loire* en cours d'impression en même temps que le présent travail.

Dans le Pliocène il existe au contraire une forme plus petite, très bombée, à stries bien espacées, peu profondes, qui se rapproche davantage de l'espèce vivante et qui est devenue la var. *rotundoparva* Sacco, figurée pl. XXIX, fig. 14 et 15, sous un grossissement du triple.

Nos exemplaires de Nadadoiro et de Negreiro ont de 5 mm. à 5,5 mm. dans leurs deux diamètres; on compte 14 stries espacées, ondulées, traversant obliquement la coquille, la région centrale au voisinage du crochet est lisse, la lunule bien accusée, une dent cardinale centrale accompagne une fossette profonde; fortes dentelures latérales symétriques.

Dans l'explication des planches de Pereira da Costa (pl. XVIII) il s'est produit une confusion, si nous nous en rapportons aux figures 2 et 2 *a* et au petit trait qui les accompagne et qui n'a pas plus de 7 mm., il s'agit d'une petite espèce à linéoles distantes et le nom de *L. divaricata* lui convient exactement; mais des échantillons beaucoup plus grands de 28 mm. de diamètre, de taille semblable au dessin, venant du Tortonien de Cacella ont été mêlés et supposés typiques et c'est à ceux-ci à linéoles serrées, qui en réalité ne sont pas figurés, que doit s'appliquer le nom de *Lucina ornata;* on peut donc considérer les deux espèces comme fossiles au Portugal.

Le *Lucina divaricata* apparaît dans le Pliocène; M. D. Pantanelli dit qu'il n'a observé aucun exemplaire authentique du Miocène, il se poursuit dans le Pleistocène et les mers actuelles où il est distribué depuis les côtes d'Angleterre jusqu'aux Canaries et dans toute la Méditerranée. Des espèces voisines mais distinctes sont connues au Sénégal, aux Antilles et jusqu'en Australie.

Localités. —Negreiro, Nadadoiro.

LUCINA (DIGITARIA) DIGITARIA Linné sp. (TELLINA)

Pl. III, fig. 23-24

1767. *Tellina digitaria* Linné, Syst. Nat., xii, p. 1120.
1782.   —   —   Lin. Chemnitz, Conch. Cab., vi, p. 126, pl. XII, fig. 121.
1818. *Lucina digitalis* Lamarck, Anim. sans vert., t. v, p. 544.
1836.   —   —   Philippi, Enum. Moll. Siciliae, i, p. 33, pl. III, fig. 19.
1844.   —   *curviradiata* Nyst, Descrip. Coq. Tert. Belgique, p. 137, pl. VI, fig. 12.
1853. *Astarte digitaria* Lin. Wood, Crag Moll., ii, p. 190, pl. XVII, fig. 8.
1867. *Lucina digitaria* Lin. Weinkauff, Conch. des Mittelm., i, p. 127.
1870. *Woodia digitaria* Lin. Hidalgo, Mol. Mar. España, p. 140.
1874.   —   —   Lin. Wood, Crag Moll., Supp. ii, p. 141, pl. X, fig. 8.
1881.   —   —   Lin. Nyst, Conch. Terr. Tert. Belgique, iii, p. 201, pl. XXII, fig. 4.
1888. *Digitaria digitaria* Lin. Bergeron, Miss. d'Andal., p. 340, pl. XXIII, fig. 10.
1901.   —   —   Lin. Dollfus et Dautzenberg, Nouv. list. Pélécyp. Touraine, Jour. Conch., p. 25.
1903.   —   —   Lin. Dollfus, Faune Malac. Mioc. sup. Redonien, Ass. Fr. Av. Sc., p. 658.
1905.   —   —   Lin. Dollfus, Faune Malac. Mioc. sup. Gourbesville, Ass. Fr. Av. Sc., p. 363.

Testa subglobosa, pallida, cincta striis obliqui uniformibus. Striae transversae, sed pulchre obliquae, sensim desinentes ad marginem exteriorem uti striae in apice digitarum, unde apparet spiraliter striata. (Linné).

Aucune figure n'est indiquée par Linné, mais nous savons par Hanley que la figure donnée par Philippi s'y rapporte correctement, les images de Chemnitz, si médiocres qu'elles soient, en donnent cependant une idée juste. Mais il y a certainement erreur dans l'atlas de Delessert dans lequel sont figurées les espèces de Lamarck, la figure 10 de la planche VI ne représente en rien l'espèce linnéenne.

Le *Digitaria digitaria*, d'après le nom de genre manuscrit de Wood publié par lui dès 1853, présente diverses variations, en prenant pour type la fig. 8 *a, b, c;* nous avons une première variété *Burdigalensis* Deshayes, fig. 8 *d,* variété décrite par Benoist, car Wood n'a pas pris soin de lui donner une appellation distinctive [1] et considérée comme espèce spéciale par beaucoup d'auteurs, et

---

[1] Deshayes, *Anim. sans vert., Bassin de Paris,* 1860, t. i, p. 791. Benoist, *Catalogue testacés fossiles de La Brède,* 1874, p. 60.

une variété *Hoptonensis* Wood, Supp. pl. X, fig. 8, de taille plus faible ayant des stries d'ornementation plus rares et plus espacées.

Il est à remarquer d'ailleurs que l'ornementation en sillons obliques concentriques n'est pas spéciale à la présente espèce du genre *Digitaria* qu'on peut considérer comme une section des Lucines d'après la charnière, on la retrouve dans l'*Astarte excurrens* Wood qui est une Cardite, et dans *Astarte parva* qui est un sous-genre très spécial des Astartes (*Goodallia*).

L'échantillon de Nadadoiro est régulièrement ovale conforme à la fig. 8 de Wood, il mesure 6 mm. de diamètre transversal et 5 mm. de haut, les côtes lisses arrondies sont très serrées sur le côté postérieur et vont en s'élargissant vers le bord antérieur où elles remontent.

La distribution géologique est importante, c'est le *Digitaria digitaria* qu'on rencontre dans le Miocène de la Touraine et du Bordelais, et nous n'en rencontrons aucune mention dans les couches de cet âge en Italie. L'espèce est commune dans les dépots Redoniens de l'Ouest de la France, dans les Crags d'Angleterre et de Belgique, puis dans le Pliocène supérieur de la Méditerranée occidentale, pendant le Pleistocène elle s'avance jusque dans la partie orientale. Dans la nature vivante elle occupe spécialement la zone lusitanienne, côtes du Portugal, du midi de l'Espagne, du Maroc, d'Algérie et Tunisie, Sicile et Italie, toujours en petit nombre et à une faible profondeur.

Localité.—Nadadoiro.

LUCINA (JAGONIA) DECUSSATA O. G. Costa

Pl. III, fig. 21-22

1795. *Tellina reticulata* Poli, Test. utr. Siciliae, ii, p. 48, pl. XX, fig. 4 (non Linné).
1826. *Lucina reticulata* Poli, Payraudeau, Moll. de Corse, p. 43.
1830. *Lucina decussata* O. G. Costa, Test. viv. del Mare di Tarento, p. 23, pl. I, fig. 4 *a* et 4 *b*.
1836.　—　*pecten* Philippi (*non* Lamarck), Enum. Moll. Siciliae, i, p. 34, pl. III, fig. 14.
1865.　—　*reticulata* Poli, Hoernes, Foss. Moll. Wien., ii, p. 241, pl. XXXIII, fig. 11, *a, b, c, d.*
1867.　—　　—　Poli, Weinkauff, Conch. des Mittelm., i, p. 160.
1870. *Jagonia reticulata* Poli, Hidalgo, Mol. mar. España, p. 146, pl. LXXIV, fig. 2.
1882.　—　　—　Poli, Fontannes, Moll. plioc. Rhône, ii, p. 112, pl. VII, fig. 1.
1898.　—　　—　Poli, Bucquoy, Dautz. et Dollfus, Moll. Roussillon, ii, p. 635, pl. XC, fig. 8-14.
1898.　—　　—　Poli, Almera et Bofill, Moll. foss. plioc. Cataluña, p. 142.
1900.　—　　—　Poli, Pallary, Coq. mar. litt. Oran, Jour. Conch., t. xlix, p. 414.
1901.　—　　—　Poli, Sacco, I Moll. Terr. Terz. Piem., part. xxix, p. 97, pl. XX, fig. 65-67 (pars).
1901.　—　　—　Poli, Dollfus et Dautz., Nouv.-list. Pélécyp. Mioc. faluns, Jour. Conch., t. xlix, p. 24.
1901. *Codokia decussata* Costa, Dall, Synop. of the Lucinacea U. S. Nat. Mus., p. 798 (note).
1904. *Jagonia reticulata* Poli, Gentil et Boistel, Gisem. plioc. Tetouan, Comptes-rendus, p. 2.

Testa suborbiculari, obliqua, inaequilatera, compressa, costellis rotundatis striisque transversis granulato-decussata. (Philippi).

Cette espèce est facile à reconnaître en raison de son ornementation, elle a été cependant confondue avec le *L. pecten* Lamarck qui habite en même temps les Iles Canaries (Dautzenberg), mais dont l'ornementation est bien plus accusée, dont les côtes sont plus fortes, etc.

Le *L. perobliqua* Sacco (Pl. XX, fig. 68) a ornements très accusés, forme plus transverse de l'Helvétien et du Plaisancien; doit être rapporté au *L. pecten* Lamk. (*L. exigua* Eich.) c'est l'espèce que nous avons décrite dans les Planches de Costa (pl. XVIII, fig. 1).

Var. *sublaevigata* Sacco (Pl. XX, fig. 69 et 70). Taille plus faible, sculpture fine, très peu marquée.

On pourrait faire beaucoup de variétés suivant la prédominance des ornements rayonnants ou des stries concentriques.

Les échantillons de Nadadoiro, sensiblement obliques, mesurent 10 mm. de largeur sur 9 mm. de hauteur, l'ornementation est assez forte, la rencontre des côtes et des rayons détermine un aspect gaufré très élégant, qui est rendu plus sensible par le grossissement de notre figure.

Le *Lucina reticulata* qui procède directement du *Lucina squamosa* Lamarck de l'Oligocène parisien est représenté dans l'Helvétien par de rares exemplaires, dans le Pliocène il est plus abondant conjointement avec le *L. pecten*. L'habitat actuel dans les sables grossiers à une faible profondeur va du Golfe de Gascogne à Madère, aux Canaries, au Cap-Vert, à San Thomé et s'étend partout dans la Méditerranée.

Localité.—Nadadoiro.

Famille XIV—ERYCINIDEA

PSEUDOPYTHINA MAC-ANDREWI Fischer sp. (KELLIA)

Pl. III, fig. 30 à 33

1867. *Kellia Mac-Andrewi* P. Fischer, Nouv. espèce de *Kellia*, Jour. Conch., vol. xv, p. 194, pl. IX, fig. 1.
1870. — — Fischer, Hidalgo, Moll. Mar. España, p. 145.
1878. *Pseudopythina Mac-Andrewi* Fischer, Moll. litt. océanique, Actes Soc. Lin. Bordeaux, xxxii, p. 178.
1886. — — Fischer, Locard, Prodr. de Maloc. franc., p. 461.
1887. — — Fischer, P. Fischer, Manuel de Conchyl., p. 1026.
1892. — — Fischer, Locard, Coq. Mar. Côtes de France, p. 317, fig. 299.
1899. — — Fischer, W. Dall., Synopsis Recent and Tertiary Leptonacea, U. S. M., xxi, p. 876.
1900. — — Fischer, Pallary, Coq. mar. litt. Oran, Jour. Conch., vol. xlviii, p. 390.

Testa transversa, subtriangularis, subaequilatera, alba, concentrici et minutissime striata; epiderme tenui, pallide cornea, radiatim subsquamosa; squamis suberectis, numerosis, equidistantibus; apicibus subacutis; pagina interna valvarum alba; dente cardinali valido; marginibus simplicibus non denticulatis. (P. Fischer).

Diam. ant-post. 12 mm. Diam. alt. 8 mm.
Nord de l'Espagne, Cap Breton, Arcachon, Faro, Gibraltar.

C'est par une comparaison en nature des échantillons vivants typiques et des échantillons fossiles de Nadadoiro et d'Aguas Santas que nous sommes arrivés à cette identification. Les stries rayonnantes visibles sur l'épiderme ne sont perceptibles sur le test des échantillons fossiles que sous un fort grossissement, les squamules relevées indiquées dans la diagnose sont caduques, la taille est bien la même.

La charnière, voisine de celle de *Kellia*, est composée au centre d'une échancrure profonde et d'une seul dentelon latéral assez fort, saillant, trigone, qui n'a la forme ni d'une fossette ni d'un cuilleron, les deux extrémités sont régulièrement arrondies et le bord palléal légèrement sinueux.

Cette espèce ne paraît pas avoir été signalée jusqu'ici à l'état fossile, son extension actuelle n'est connue que du Golfe de Gascogne aux côtes du Portugal. Mr. Dall a montré l'habitat tout spécial d'une espèce de ce genre sous l'abdomen d'un crustacé.

Localités.—Aguas Santas, Nadadoiro.

KELLYIA SEBETIA Costa sp. (CYCLAS)

Pl. III, fig. 38 et 39

1829. *Cyclas sebetia* Costa, Catal. Syst., pl. II, fig. 6 (pas de texte).
1836. *Bornia corbuloïdes* Biv. MSS., Philippi, Enum. Moll. Siciliae, I, p. 14, pl. I, fig. 15, II, pl. XI.
1865. *Lepton corbuloïdes* Ph., Hoernes, Foss. Moll. Wien, II, p. 249, pl. XXXIV, fig. 4.
1882. *Bornia corbuloïdes* Ph., Fontannes, Moll. plioc. Rhône, II, p. 119, pl. VII, fig. 10.
1892. *Kellyia sebetia* Costa, Bucquoy, Dautz., Dollfus, Moll. Roussillon, II, p. 235, pl. XXXIX, fig. 1 et 2.
1893. — *corbuloïdes* Ph., D Pantanelli, Lamellib. plioc., p. 163.
1901. — *sebetia* Costa, Dollfus et Dautzen., Pélécyp Miocène moyen Loire, Jour. Conch., vol. XLIX, p. 253.
1909. — *(Bornia) sebetia* Costa, Dollf., Dautz., Conch. Mioc. Loire, f. IV, p. 267, pl. XVIII, fig. 28–33.

Testa subtriangula, aequilatera, compressa, utrinque angulis rotundata, ibique margine crenulata, dentibus lateralibus opproximatis. (Philippi).

On a coutume d'ajouter à la synonymie *Lepton deltoideum* Wood, mais dans son supplément de 1874 S. Wood a protesté contre cette assimilation en faisant observer que l'espèce du Crag était toute couverte de granulations microscopiques, tandis que l'espèce de Costa et de Philippi est entièrement lisse, pourvue seulement de quelques lignes d'accroissement.

La figure donnée par Sacco ne convient pas à l'espèce, elle est beaucoup trop transverse, et la figure donnée comme *Bornia Geoffroyi* (pl. VIII, fig. 2) lui conviendrait davantage.

Nous n'avons qu'un échantillon de Nadadoiro, mais il est bien reconnaissable, il a 4,5 mm. de largeur sur 4 mm. de hauteur, la forme généralement équilatérale trigono-trapézoïde, la charnière formant le haut du triangle, les côtés arrondis sont symétriques, le bord palléal subrectiligne un peu ondulé au centre. La charnière porte au milieu une forte échancrure triangulaire un peu oblique et de chaque côté un denticlon latéral saillant mais très bref, le test est mince, très fragile, il paraît entièrement lisse et porte seulement quelques stries d'accroissement.

Kellyia sebetia remonte au Miocène tant en France qu'en Autriche, dans le Pliocène les citations sont nombreuses en Italie, puis dans la vallée du Rhône, mais sa présence dans les bassins du Nord reste un peu douteuse. Au Pleistocène on la connaît de l'Italie méridionale et du Sénégal. À l'époque actuelle cette espèce est répandue dans toute la Méditerranée et vient dans l'Océan seulement sur les côtes d'Espagne, du Portugal et du Maroc.

Localité.—Nadadoiro.

SCACCHIA ELLIPTICA Scacchi sp. (TELLINA)

Pl. III, fig. 34 à 37

1833. *Tellina elliptica* Scacchi (*non* Brocchi), Osserv. Zool., II, p. 14 (*non vidi*).
1834. *Loripes elliptica* Scacchi, Catal. Zool., p. 5, fig. 1 (*non vidi*).
1836. *Lucina oblonga* Philippi, Enum. Moll. Siciliae, I, p. 34, pl. IV, fig. 1.
1844. *Kellia flexuosa* Sowerby, Minerai Conch., pl. DCXXXVII, fig. 5 a.
1844. *Scacchia elliptica* Sca., Philippi, Enum. Moll. Siciliae, II, p. 27, pl. XIV, fig. 8.
1851. *Kellyia elliptica* Wood, Crag Moll., II, p. 121, pl. XII, fig. 13.
1884. *Scacchia elliptica* Sca., Monterosato, Nomenclat. gener. et specif. Conch. Med., p. 17.
1886. — — Sca., Kobelt, Prod. Faunae Moll. tést. Mar. Europ., p. 372.
1887. — — Sca., Fischer, Manuel Conch., p. 1028.
1891. — — Sca., Fucini, Il Plioc. dei dint. dei Cerreto-Guidi, Soc. Géol. Ital., X, p. 79.
1908. — — Sca., Cerulli-Irelli, Fauna Malac. Mariana, p. 83, pl. XI, fig. 15.

Testa ovato-oblonga, elliptica, inaequilatera; margine dorsali utroque valvulae dextrae sinuato-inciso; dentibus lateralibus utrinque obsoletis. (Philippi).

Testa transversa, ovata vel elliptica, valde inaequilaterali, convexa, laevigata, polita, tenui, antice producta, utrinque rotundata, margine dorsali flexuosa; cardine valvula sinistra bidentato, dentibus lateralibus nullis. (Wood).

Les figures de Philippi ne se ressemblent guère et sont médiocres, elles ne montrent pas la petite flexion des valves sur laquelle insiste Wood, par contre les figures de Wood sont bonnes mais nous ne pouvons les contrôler absolument car nous ne possédons que cinq valves gauches, elles mesurent 6 mm. de largeur sur 5 mm. de hauteur et on ne peut constater qu'une seule dent centrale forte, peut-être bifide, accompagnée d'une forte encoche latérale, les dents latérales sont nulles, réduites à des sillons parallèles au bord dorsal, la coquille est assez profonde relativement à sa taille, les impressions musculaires peu visibles sont hautes et réunies par une ligne palléale entière assez éloignée du bord ventral. La surface est couverte de lignes d'accroissement très fines et irrégulièrement espacées.

Bien qu'il existe un *Tellina elliptica* Brocchi bien antérieur à celui de Scacchi, comme cet auteur l'a changé de genre aussitôt après et que Philippi a créé pour lui un nom générique nouveau dès 1844, nous ne voyons pas la nécessité de changer le nom spécifique de cette petite forme.

L'histoire de *Scacchia elliptica* est encore mal connue; cette espèce apparaît dans le Pliocène du Nord et du Midi, elle est encore vivante dans la Méditerranée occidentale, mais le nombre de stations signalées est encore bien restreint; sa présence dans le Pliocène du Portugal comme station intermédiaire est une contribution importante à nos connaissances.

Localité.—Aguas Santas.

Famille XV—CYPRINIDAE

CORALLIOPHAGA GLABRATA Brocchi sp. (MYA)

Pl. IV, fig. 17 à 20

1814. *Mya glabrata* Brocchi, Conch. foss. subap., ii, p. 531, pl. XII, fig. 13.
1814. — *conglobata?* Brocchi, Id., Id., p. 531, pl. XII, fig. 12.
1814. — *rustica?* Brocchi, Id., Id., p. 533, pl. XII, fig. 11.
1830. *Saxicava glabrata* Brocc., Bronn, Ital. tert. Gebilde, p. 91.
1853. *Coralliophaga cyprinoides* Wood, Crag Moll., ii, p. 200, pl. XV, fig. 7.
1873. *Cypricardia glabrata* Brocc., Cocconi, En. Moll. Mio. Plioc., Parma et Piacenza, p. 294.
1901. *Coralliophaga lithophaga* var. *glabrata* Sacco, I Moll. Ter. Terz. Piem., part. XXVIII, p. 8, pl. I, fig. 33.

Testa ovato-transversa, glaberrima, utroque extremitate rotundata, margine coarctato, cardinis dente unico, brevi, compresso. (Brocchi).

Testa ovato-oblonga, transversa, valde inaequilaterali, nitida, laevigata; antice breviore, rotundata; postice subtruncata; cardine bidentato divergente, sinus palleari minime profundo. (Wood).

Il nous est impossible de nous résoudre à considérer le *Mya glabrata* de Brocchi comme une simple variété de *Cypricardia lithophagella*; nous savons les profonds changements que l'habitat impose aux mollusques perforants, mais il ne nous semble que dans aucun cas on n'a signalé de pareilles modifications, non seulement dans la forme générale et la disposition de la charnière, mais dans la nature du test. Nous ne pouvons y voir comme Mr. Dante Pantanelli simplement une forme jeune, et les variétés du *Cypricardia lithophagella* décrites et figurées par Cocconi sont toutes bien différentes.

Nous écartons non moins résolument le *Cypricardia Guerini* Payraudeau dont nous avons vu des exemplaires assez nombreux, de provenances diverses, pour pouvoir assurer que c'est aussi une espèce différente.

6

Nous considérons seulement comme typique la figure 13 (pl. XII) de Brocchi, il est possible que le *Mya conglobata* (fig. 12) soit encore la même espèce, mais la charnière est mauvaise, elle paraît endommagée et les valves un peu baillantes; le rapprochement avec *Mya rustica* (fig. 11) est également incertain, quelques auteurs ont attribué cette figure au *Saxicava arctica,* enfin peut être que la fig. 11 (pl. XIII) représente un individu trapu du vrai *Coralliophaga lithophagella* à test épais et pourvu de forts sillons d'accroissement. Brocchi parle d'une seule dent, Wood parle de deux dents, en réalité il y a une dent cardinale centrale lamelleuse très conchée et deux sillons latéraux lamelleux dentiformes.

L'échantillon que nous avons de Senhora da Victoria, qui est bivalve et fort bien conservé, mesure 23 mm. de long sur 15 mm. de hauteur, la forme est régulièrement ovale, le bord dorsal postérieur est prolongé et légèrement convexe, le côté antérieur est bref et bien arrondi, le bord ventral subrectiligne en son milieu et parallèle au bord dorsal, le test est mince et opaque, il est couvert de sillons d'accroissement fins et plus serrés au bord ventral, il n'y a aucun élément rayonnant, mais nous ne serions pas surpris qu'à l'état vivant cette espèce ait été couverte d'un épiderme fibreux.

La coquille est profonde, bien close, mais on ne remarque que très imparfaitement les impressions musculaires et le sillon palléal, il n'y a ni lunule ni corselet apparents.

Les Coralliophaga, Blainville 1824 (type *Cypricardia lithophagella* Lamarck), sont mal connues dans le Tertiaire supérieur, le *Coralliophaga nucleus* Mayer, du Miocène de Madère est impossible à reconnaître, le *C. Deshayesi* Mayer, de l'Aquitanien de La Brède est une forme longue qui n'a jamais été figurée, de même pour le *Cypricardia Mediterranea* Deshayes, de la Morée; toutes les références connues pour notre espèce se rapportent au Pliocène.

Localité.—Senhora da Victoria.

Famille XVI—ASTARTIDAE

ASTARTE FUSCA Poli sp. (TELLINA)

Pl. V, fig. 1 à 4, 5 *a* et 5 *b*

1791. *Tellina fusca* Poli, Testac. utrius. Siciliae, i, p. 49, pl. XV, fig. 32 et 33.
1814. *Venus incrassata* Brocchi, (*non* Sowerby) Conch. foss. subap., ii, p. 557, pl. XIV, fig. 7.
1831. *Astarte incrassata* De La Jonq. Bronn, Ital. Tertiargeb., p. 96.
1835. *Cassina fusca* Poli, Lamarck (Edit. Desh.), Anim. sans vert., vi, p. 257.
1835. — *incrassata* Brocc. Lamarck, Id., vi, p. 257.
1839. *Astarte* — De La Jonq. Goldfuss, Petref. Germ. (pars), ii, p. 194, pl. 135, fig. 2.
1844. — — Brocc. Philippi, Enum. moll. Siciliae, ii, p. 29.
1857. — *fusca* Poli, Deshayes, Traité Élém. Conch., ii, p. 149.
1867. — — Poli, Weinkauff, Conch. des Mittelm., i, p. 124.
1870. — *incrassata* Gold. Nicaise, Catal. foss. Alger., Soc. Climatol., p. 113.
1877. — *fusca* Poli, Hidalgo, Mol. marin. España, p. 140, pl. XV, fig. 3 et 5.
1880. — — Poli, Seguenza, La Form. terz. Reggio, pp. 279, 322 et 359.
1885. — — Poli, De Gregorio, Studi su talun. Conch. Med., p. 213.
1889. — — Poli, J. V. Carus, Prodromus Faunae Méditer., ii, p. 101.
1892. — — Poli, Locard, Coq. marin. côtes de France, p. 300, fig. 279.
1893. — — Poli, D. Pantanelli, Lamellib. plioc., p. 160.
1899. — — Poli, Sacco, 1 Moll. Terr. Terz. Piem., part. xxvii, p. 24, pl. VI, fig. 22, etc.
1907. — — Poli, Cerulli-Irelli, Fauna Malac. Mariana, fasc. i, p. 74, pl. X, fig. 43-46 (méd.).

Testa solida, subtriangula, inflata, natibus transversim rugosis, latere antico leviter inflexo, margine saepius denticulato; cardinis dentibus binis validis, altero in sinistra valva minimo. (Brocchi).

La figure de Poli est une forme renflée, un peu haute, épaisse, à sillons décroissants, crénelée, tandis que la figure de Brocchi, qui est sublisse, ne concorde ni avec ce type ni avec le texte de Brocchi. Philippi qui a observé un très grand nombre d'échantillons vivants et fossiles a trouvé tous les passages, nous avons aussi sous les yeux une série nombreuse provenant d'un gisement pliocène à Dely Ibrahim près d'Alger et nous avons des échantillons plus ou moins striés et plus ou moins crénelés au bord palléal.

D'autre part l'examen de nos échantillons, de ceux de la collection de l'Ecole des Mines, l'étude des textes et des figures nous conduisent à éliminer de la synonymie *Astarte sulcata* Da Costa malgré les observations de Nyst, la forme est toujours moins transverse et les plis moins gros. Nous éliminons également les citations de Wood.

Mr. Sacco a formé quelques variétés:

Var. *incrassata* Brocchi (Sacco, pl. VI, fig. 23-25). Qui paraît plus épaisse que le type et à côtes concentriques visibles seulement dans la partie supérieure.

Var. *aglypha* Menegh. in Cocconi (Sacco, VI, p. 26). Bord marginal lisse, non crénelé.

Nos échantillons du Portugal, abondants à Nadadoiro, pl. V, fig. 3, sont conformes à la fig. 22 de Sacco, qui n'est pas bien conforme à celle de Poli. Nos échantillons mesurent 20 mm. de haut sur 22 mm. de largeur. Les spécimens de Negreiro, moins abondants, atteignent quelques millimètres de plus, ceux d'Aguas Santas ont souvent les zones concentriques d'accroissement bien marquées, pl. V, fig. 1, 2 et 4, ils atteignent 23 mm. de haut sur 25 mm. de largeur, les petits n'ont guère que 14 mm. sur 15 mm.

L'*Astarte fusca* est une espèce Pliocène principalement, elle n'est pas citée dans le Miocène, elle apparaît assez abondante dans le Plaisancien d'Italie et d'Alger, passe dans l'Astien et dans la faune vivante de la Méditerranée où elle devient fort rare. Il n'y a pas de citations authentiques, à notre connaissance, hors du bassin méditerranéen, l'analogie entre la forme du Midi et celle du Nord ne va pas d'après nous jusqu'à l'identité, et la découverte de cette espèce dans le Pliocène inférieur Atlantique est très intéressante.

Localité.—Aguas Santas, Negreiro, Nadadoiro.

Famille XVII—CARDITIDAE

CARDITA CALYCULATA Linné sp. (CHAMA)

Pl. V, fig. 6 et 7

1767. *Chama calyculata* Linné, Syst. Nat., xii, p. 1138.
1795. — — Lin. Poli, Test. utriu. Siciliae, ii, p. 119, pl. XXIII, fig. 7 à 9.
1814. — — Lin. Brocchi, Conch. foss. subap., ii, p. 525 (pars).
1835. *Cardita sinuata* Lamarck, (Edit. Desh.) Anim. sans vert., vi, p. 431.
1858. *Mytilicardia calyculata* Lin. H. et A. Adams, Genera of recent Moll., ii, p. 488, pl. CXVI, fig. 3 et 3 a.
1862. *Cardita calyculata* Lin. Hoernes, Foss. Moll. Wien, t. ii, p. 274, pl. XXXVI, fig. 7.
1867. — — Lin. Weinkauff, Conch. des Mittelm., ii, p. 155.
1870. — — Lin. Hidalgo, Mol. marin. España, p. 141, pl. LVII a, fig. 4 et 5.
1882. *Mytilicardia calyculata* Lin. Fontannes, Moll. plioc. Rhône, ii, p. 126, pl. VII, fig. 21.
1892. *Cardita calyculata* Lin. B.D.D. Moll. mar. du Roussillon, ii, p. 227, pl. XXXVIII, fig. 10 à 20.
1898. *Mytilicardia calyculata* Lin. Almera et Bofill, Mol. foss. Plio. Catal., p. 146, pl. XII, fig. 7.
1899. *Cardita calyculata* Lin. Sacco, I Moll. Terr. Terz. Piem., Part. xxvii, p. 5, pl. I, fig. 4 et var.
1900. — — Lin. Pallary, Coq. mar. litt. Oran, Jour. Conch., vol. xlviii, p. 388.
1901. — — Lin. Dollfus et Dautzenberg, Nouvelle liste Pélécypodes Mioc. Loire, Jour. Conch., vol. xlix, p. 255.
1905. — — Lin. G. Dollfus, Faune malac. Mioc. Gourbesville, Ass. Fr. Av. Sc., p. 364.
1907. — — Lin. Dollfus, Faune. malac. Montaigu (Vendée), Ass. Fr., p. 346 (Redonien).
1909. — — Lin. Dollfus et Dautzenberg, Conch. Mioc. Loire, fasc. iv, p. 283, Pl. XX, fig. 1-15.

Nous avons discuté autrefois le type qu'il fallait adopter pour l'espèce Linnéenne, et Hanley indique comme le représentant bien la figure de Reeve (*Conch. Iconica, Cardita*, pl. I, fig. 1). C'est une forme de 23 mm. de long sur 15 mm. de haut, subquadrangulaire ou trapézoïde, pourvue de côtes fort inégales, noduleuses, squammeuses, anguleuses dans la région postérieure, arrondies dans la région antérieure. La charnière réduite est rejettée dans l'angle postérieur, elle est composée d'une dent ligamentaire étroite, prolongée et sillonnée, d'une dent lunulaire très faible enfoncée comme la lunule elle-même et enfin d'une dent cardinale centrale trigone, allongée, très médiocre sur la valve droite et d'une alvéole correspondante plus facile à distinguer sur la valve gauche.

Les variations de ce type sont difficiles à circonscrire, certains auteurs comme Weinkauff n'ont pas hésité à y réunir les *Cardita elongata* Bronn et *Cardita Auingeri* Hoernes. Dans la plupart des collections de fossiles le *C. calyculata* est confondue avec le *C. rufescens* Lamarck, 1822. Nous réduisons ici l'indication des variétés aux formes les plus rapprochées des types et qui en dépendent indiscutablement.

Les figures de Born et de Chemnitz citées par Hoernes se rapportent au *C. variegata* Bruguière.

Var. *oblonga* Requien (*Moll. Roussillon,* pl. XXXVIII, fig. 17–19). Forme bien plus allongée transversalement, ayant 15 mm. de long sur 6 mm. de haut.

Var. *obtusata* Requien (pl. XXXVIII, fig. 14–16, Sacco, pl. I, fig. 9). Forme bien plus courte que le type, plus petite, mesurant 12 mm. de long sur 8 mm. de haut.

Var. *obsoleta* Dautzenberg, 1883, (pl. XXXVIII, fig. 20). Côtes peu marquées, faiblement granuleuses et dépourvues de squammules.

Var. *rostrata* Almera et Bofill (*Moll. Plioc. Cataluña,* pl. XII, fig. 7). Bord palléal postérieur très prolongé.

Var. *diglypta* Fontannes (*Moll. Rhône,* pl. VII, fig. 21). Côtes nombreuses, serrées, avec costules intercalaires dans les dépressions.

Var. *subdiglypta* Sacco (*I Moll. Piem.,* pl. I, fig. 5). Espèce nettement couchée, non élargie postérieurement, nombreuses costules ornant de fortes côtes mousses espacées.

Var. *sub-Depereti* Sacco (pl. I, fig. 6 et 7). Forme courte à côtes décroissantes, les deux échantillons figurées ne se ressemblent pas complétement.

Var. *dertolaevis* Sacco (pl. I, fig. 8). Forme tordue à côtes arrondies peu squammeuses.

Le *Cardita rufescens* Lamarck est une espèce plus grande, très couchée, à coté postérieur dilaté, à grosses costules rondes épineuses ou squammeuses.

Nous laissons de côté l'étude de la var. *elongata* Bronn considérée souvent comme une espèce spéciale de forte taille et à bord palléal bien sinueux, n'ayant trouvé rien d'analogue au Portugal.

De petits échantillons oblongs de Aguas Santas (pl. V, fig. 6–7) et de Nadadoiro mesurent 7 mm. de long sur 5 mm. de haut; les côtes sont fort inégales, grosses et arrondies du côté antérieur, elles sont nombreuses, anguleuses et trifides sur le côté postérieur, le bord palléal est un peu sinueux, la forme générale intermédiaire entre les variétés *obtusata* et *oblonga*.

Le *Cardita calyculata,* dont on pourrait rechercher l'origine dans l'Eocène, débute nettement dans le Miocène de la Touraine comme du Piémont et de l'Autriche. Il se propage dans le Miocène supérieur des mêmes régions et dans le Pliocène de l'Europe méridionale (Plaisancien d'Alger) il occupe dans les mers actuelles à peu près la même étendue, des côtes du Portugal au Maroc et au Sénégal et dans tout le bassin Méditerranéen. On le connaît aux Canaries, à Madère, aux Açores; la plus grande profondeur où il soit signalé est de 200 m. (Dautzenberg, *Camp. scientif. Monaco,* I, p. 80).

Localités.—Aguas Santas, Nadadoiro.

CARDITA (CORIPIA) SCALARIS Sowerby sp.

Pl. V, fig. 8 à 11

1825. *Venericardia scalaris* Sowerby, Mineral Conchol., pl. CDXC, fig. 3 (*bene*).
1844. *Cardita scalaris* Sow. Nyst, Coq. foss. Belgique, p. 213.
1853. — — Leathes, Wood, Crag Moll., ii, p. 166, pl. XV, fig. 5.
1874. — — — Wood, Crag Moll. supp., i, p. 131.
1878. — — — Lorié, Contrib. géol. des Pays-Bas, i, p. 148, pl. II, fig. 18.
1881. — — Sow. Nyst, Conch. Terr. Tert. Belgique, part. i, p. 204, pl. XXII, fig. 8.
1899. — — — Sacco, I Moll. Terr. Terz. Piem., part. xxvii, p. 22, pl. VI, fig. 17.
1905. — — — Dollfus, Faune malac. Gourbesville, As. Fr. Av. Sc. Cherbourg, p. 364.

Testa orbiculato-triangulari, depressa, costis convexis, nodosis; concentrice sulcatis; umbonibus medianis, margine crenato. (Wood).

Cette forme est très critiqué, tant au point de vue générique qu'au point de vue spécifique; elle appartient à un petit groupe intermédiaire entre les Cardites et les Astartes. Il est impossible d'adopter le nom générique de *Miodon* Carpenter, 1864, fondé sur une espèce vivante des côtes de la Californie qui est sans analogie avec notre espèce (*non* Sandberger, 1873). On ne peut prendre le nom de *Triodon* Von Koenen, 1893, par suite de la présence d'un nom de *Triodon* Schumacher, 1817, il nous reste le genre *Coripia* De Gregorio, 1884, fondé sur *Cardita unidentata* Basterot, qui a une grande analogie avec la présente espèce et que M. de Gregorio a réuni à tort au *Cardita corbis*.

Au point de vue spécifique on a rapproché toutes les Cardites astartoïdes du Tertiaire supérieur du *Cardita corbis* de Philippi, mais cette forme, dont nous avons sous les yeux une bonne série d'échantillons dragués vivants, correspondant bien à la description et à la figure de l'auteur, et venant du port de Rhodes dans l'Archipel, est une espèce plus petite, subcirculaire, bombée, épaisse, à ornements presqu'exclusivement concentriques très fins. Il y a tout à coté, le *Cardita nuculina* Dujardin, forme oblique, un peu aplatie, à ornements très fins, les éléments concentriques équivalents aux éléments rayonnants; puis nous avons eu récemment l'occasion d'examiner et de figurer pour la première fois *Cardita unidentata* Basterot, typique, c'est une espèce obronde, assez profonde, plus grossièrement décussée que le *Cardita nuculina,* mais moins forte que le *Cardita scalaris*, à côtes rayonnantes prépondérantes et un peu distantes.

Les caractères notables du *Cardita scalaris* sont la forme noduleuse des côtes qui sont coupées de sillons concentriques faibles et séparées par un sillon linéaire profond mais étroit.

J'écarte complètement des références le *Cardita scalaris* Goldfuss (pl. CXXXIV, fig. 2) qui représente une espèce différente, obronde, à côtes bien espacées[1]. J'éprouve de grandes doutes pour la figure de Hoernes (pl. XXXVI, fig. 12) qui donne une forme subtransverse à côtes un peu espacées, mais je serais assez disposé à réunir au *C. scalaris* sous le nom de variété *anceps* Wood, la figure pl. XV, fig. 2 c, d (*tantum*) donnée sous le nom de *Cardita corbis* var. *exigua* Duj., de taille un peu plus faible que le *C. scalaris* typique, et dont les sillons concentriques sont aussi un peu plus faibles.

Nous avons d'Aguas Santas (pl. V, fig. 8–11) quelques petits spécimens mesurant 4 mm. dans leurs deux diamètres, les côtes sont assez larges, aplaties, séparées par des sillons très étroits et profonds, les stries concentriques sont irrégulières et profondes, déterminant un quadrillage inégal, quelques zones d'accroissement amenant des modifications dans l'ornementation s'observent à diverses hauteurs.

Le *Cardita scalaris* est principalement connu du Pliocène d'Angleterre, il se propage en Belgique et M. Lorié l'a rencontré dans les forages profonds de la Hollande (Gedgravien) et moi-même

---

[1] Cf. Von Koenen, *Das Norddeutsche Unter-Oligocän Mollusken-Fauna*, v, p. 1239-1241 (1893).

dans le Rédonien du Cotentin. M. Sacco le signale du Miocène et du Pliocène de Piémont, mais M. Pantanelli fait des réserves sur les spécimens du Miocène: l'espèce n'atteint pas l'époque actuelle, et on peut la considérer comme principalement cantonnée dans le Pliocène inférieur.

Localité. — Aguas Santas.

CARDITA (VENERICARDIA) MATHERONI Mayer

Pl. IV, fig. 21 à 26

1871. *Cardita Matheroni* Mayer, Couches à Congéries Vallée du Rhône, p. 18.
1876.   ---   , —   Mayer, Fontannes, Terr. tert. Haut Comtat-Venaissin, p. 72, 76.
. 1882.   —   --   —   Fontannes, Moll. plioc. Rhône, ii, p. 122, pl. VII, fig. 15–17.
1893.   —   —   —   D. Pantanelli, Lamellib. plioc., p. 158.

Voici la diagnose et les renseignements fournis par Mayer dans la rare brochure dans laquelle il a annoncé la découverte des couches à Congéries au-dessous du Château de St. Ferréol près Bollène, dans la Vallée du Rhône.

· *Testa ovato rotundata, ventricosa, crassa et solida, valde inaequilaterali; costis 20, convexis, ad umbonem angustis, sulco profundo separatis, leviter crenulatis, ad marginem dilatatis, plano-convexis, valde rugosis; latere antico laevi, rotundato, cordato; postico compresso subtruncato; umbonibus tumidis, recurvis, obtusis; lunula minima, sulco profundo notata; cardine nano, lamina cardinali elongata, tenui.* Long. 36, lat. 32 mm.

«Née voisine de *C. Partschi* des étages helvétien et tortonien, cette cardite me paraît digne d'être distinguée comme espèce, vu sa taille majeure, sa forme un peu plus transverse, ses côtes moins nombreuses et plus larges, moins nettement granuleuses. Elle est à peu près intermédiaire entre l'espèce citée, le *C. antiquata* et une espèce astienne que je crois nouvelle». (Mayer).

Notre assimilation est établie non seulement d'après les diagnoses et les figures de Fontannes, mais après comparaison directe des échantillons de la localité typique.

Le *C. Matheroni* se trouve en abondance à Aguas Santas et Negreiro. Nous avons des échantillons bien plus grands que ceux indiqués par Mayer et qui atteignent comme ceux de Fontannes 46 mm. de diamètre antéro-postérieur sur une hauteur de 43 mm.

Cette espèce obronde, très solide, peu bombée, est ornée de 20 côtes courbes, séparées par des sillons très étroits, ses côtes arrondies sont sillonnés concentriquement par des lamelles serrées et par des lignes d'accroissement très espacées. La charnière forte montre sur la valve droite une forte dent cardinale couchée et une dent ligamentaire parallèle forte, sur la valve gauche deux dents cardinales inégales, la lunulaire trigone, la ligamentaire longue et sillonnée; la lunule est très petite et nettement circonscrite.

Cette espèce est certainement voisine de *C. antiquata*, mais sa taille est bien supérieure, elle est moins bombée, bien plus arrondie, les ornements atténués; l'ornementation rappelle un peu *C. striatissima* et la taille *C. pectinata*, mais dans cette espèce les côtes sont séparées par un sillon large et profond.

L'horizon géologique de *C. Matheroni* est très important, car cette espèce est jusqu'ici caractéristique du Pliocène le plus inférieur, à tendances miocèniques, c'est le groupe de St. Ariès de Fontannes avoisinant le Redonien de l'Ouest de la France.

Localités. — Aguas Santas, Negreiro.

CARDITA (VENERICARDIA) ANTIQUATA Linné sp. (CHAMA)

Pl. V, fig. 12 à 15

1767. *Chama antiquata* Linné, Syst. Nat., xii, p. 1138 (pars).
1795. — — Lin. Poli, Test. utriu. Siciliae, ii, p. 115, pl. XXIII, fig. 12–14.
1819. *Cardita sulcata* Lamarck (*non* Solander), Anim. sans vert., t. vi, p. 21.
1836. — — Lamarck. Philippi, Enum. Moll. Siciliae, i, p. 53, ii, p. 40.
1867. — — Lamarck. Weinkauff, Conch. des Mittelm., ii, p. 152.
1870. — — Lamarck. Hidalgo, Mol. marin. España, p. 140, pl. LVII *a*, fig. 8 et 9.
1873. — *antiquata* Lin. Cocconi, En. Moll. Mioc. Plioc. Parma e Piacenza, p. 314.
1884. — — Lin. De Gregorio, Studi su talun. Conch. Med., p. 146.
1877. — *Rhodiensis* Fischer, Paléont. terr. tert. Rhodes, Mém. Soc. Géol. Fr., p. 13, pl. I, fig. 1.
1892. *Venericardia antiquata* Lin. B.D.D., Moll. mar. du Roussillon, ii, p. 222, pl. XXXVIII, fig. 1 à 9.
1893. — *sulcata* Lamarck. D. Pantanelli, Lamellib. plioc., p. 156.
1899. *Actinobolus antiquatus* Lin. Sacco, I Moll. terr. terz. Piem., Part. xxvii, p. 17.
1900. *Venericardia antiquata* Lin. Pallary, Coq. mar. litt. Oran (Jour Conch., t. xlviii, p. 388).

Testa subcordata, sulcis longitudinalibus striisque transversis. (Linné).
Testa subcordata, albo rufoque tessellata, costis 20 longitudinalibus, convexis, transversim granulato-striatis, sulco angusto divisis, lunula cordata, impressa. (Philippi).

Nous avons expliqué ailleurs que le type Linnéen était basé sur une figure très imparfaite de Bonanni, et l'impossibilité où nous étions de conserver le nom de *C. sulcata* Bruguière employé précédemment par Solander, enfin le polymorphisme de cette espèce.

Dans l'incertitude même ou nous nous trouvons pour bien circonscrire cette espèce, nous avons considéré comme seule typique la figure de Poli et nous en avons écarté tout ce qu'on lui a assimilé avec rapide aproximation, réduisant le cadre aux citations certaines, laissant de côté les nombreuses variétés mentionnées par Mr. de Gregorio et toutes les subdivisions de Mr. Sacco qui y réunit des formes qui n'ont aucune analogie, comme *C. affinis* Dujardin, *C. ambigua* Micht. et que nous considérons jusqu'à plus ample informé comme autant d'espèces parfaitement distinctes, etc.

Nous ne voyons dans les planches de Mr. Sacco que le *Glans rhomboidea* var. *productolaevis* Sacco (pl. V, fig. 6) qui s'approche de notre espèce.

Le *Cardita antiquata* Poli représente une espèce épaisse, ovale, très bombée, à côtes raides, séparées par des sillons assez profonds mais très étroits, ces côtes au nombre de 20 sont rugueuses, sans être ni épineuses ni granuleuses, la lunule et le corselet sont bien marqués (*Moll. du Roussillon*, pl. XXXVIII, fig. 1–5). Elle mesure 35 mm. de long sur 32 mm. de haut.

On peut admettre les variations suivantes dont nous avons suivi les passages.

Var. *elata* B.D.D. (*Moll. du Roussillon*, pl. XXXVIII, fig. 8 et 9).

Forme très haute à carène antérieure bien accusée, ayant 32 mm. de diamètre antéro-postérieur et 34 mm. de hauteur umbono-palléale, la var. *proboscidea* Mich. in Sacco (pl. V, fig. 10) paraît devoir s'y rapporter.

Var. *trapezoidea* Monterosato (*Moll. Roussillon*, pl. XXXVIII, fig. 6 et 7).

Forme transverse à côtes légèrement écartées, diamètre transversal 24 mm., hauteur 20 mm.; cette forme a été érigée en espèce par Locard sous le nom de *C. laxa* (non figurée).

Le *Cardita rubricatica* Almera et Bofill est une petite forme arrondie qui a la même ornementation.

Nous pensons devoir écarter le *C. antiqua* tel qu'il est figuré par M. Cerulli-Irelli et le *C. revoluta* Seguenza, espèce extrêmement bombée, haute, oblique, à côtes aplaties, contigues.

Je citerai encore comme devant être comparé en nature le *Venericardia Bosniackii* Ugolini (*Revista italiana di Paleontologia*, v, p. 28) du Pliocène de Sienne.

Nous avons un grand nombre d'échantillons de Nadadoiro, de Negreiro et d'Aguas Santas qui sont concordants, l'espèce mesure 28 mm. dans ses deux diamètres, les côtes au nombre de 20 sont arrondies, séparées par des sillons profonds très étroits, elles sont traversées par des cordons d'accroissement qui déterminent de petites rugosités concentriques plus visibles vers de bord palléal. La charnière est couchée horizontalement parallèle au bord palléal, les crénelures sont fortes et régulières, la lunule petite mais très enfoncée, le ligament est logé dans un long sillon parallèle à la dent latérale droite et le corselet ondulé interne a six côtes environ.

Un seul échantillon plus transverse d'Aguas Santas, non figuré, dans lequel les côtes sont légèrement écartées par des sillons profonds, d'une largeur égale à la moitié d'une côte, pourrait se classer dans la variété *trapezoidea*.

Le *Cardita antiquata* ainsi circonscrit est une espèce pliocène qui a pris tout son développement seulement dans la Méditerranée actuelle, MM. Dautzenberg et de Lamothe l'ont fait connaître du Plaisancien des environs d'Alger, elle sort dans l'Océan Atlantique seulement sur les côtes du Portugal et du Maroc. Le *Cardita Partschi* Goldf. in Hoernes serait une forme ancestrale du Miocène.

Localité.—Aguas Santas, Negreiro, Nadadoiro.

CARDITA STRIATISSIMA Nyst (Mayer)

Pl. V, fig. 16 à 23

1868. *Cardita striatissima* Caill. MAYER, Coq. foss. terr. tert. sup. Jour. Conch., t. XVI, p. 187, pl. VII, fig. 4.
1881. — — Caill. VASSEUR, Terr. tert. France occidental, p. 379.
1900. — — Caill. ED. BUREAU, Géologie de la Loire inférieure, p. 453, et seq.
1901. — — Nyst, G. DOLLFUS, Bull. Soc. Géol. France, 4° s., t. I, p. 275.
1905. — — Nyst, G. DOLLFUS, Faune malac. mioc. Gourbesville, Ass. Fr. Av. Sc., p. 364.
1906. — — Nyst, PEYROT, A propos du falum de St. Denis d'Oléron., Soc. Linn. Bordeaux, vol. II, p. 1.
1906. — — Nyst, G. DOLLFUS, Faune malac. mioc. Beaulieu, Ass. Fr. Av. Sc., p. 309.
1907. — — Nyst, G. DOLLFUS, Faune malac. mioc. Montaigu (Vendée), Ass. Fr. Av. Sc., p. 310.

Testa subrotunda, turgidula, inaequilaterali, solida, multicostata; costis 26–28, convexis, anticis planioribus, densis, postices sensim elevatioribus, sulco profundo divisis, omnibus tenuissime transversim striatis, interdum marginem versus subnodulosis; latere antico brevi, depresso, rotundato; postico subtus declivi, obtuse angulato; palleari late arcuato; umbonibus tumidis, altis; cardine angusto, dente postico transverso, elongato; cicatriculis musculorum magnis, subrotundis. Long. 30, lat. 27 mm. (Mayer).

Cette espèce très intéressante a été nommée par Nyst sur des échantillons que lui avait envoyé Cailliaud, c'est Mayer qui en a donné la première description, elle est commune et caractéristique des dépôts Redoniens dans l'Ouest de la France, depuis l'Ile d'Oleron, la Vendée, les environs de Nantes, l'Anjou, la Mayenne, l'Ille-et-Vilaine jusque dans le Cotentin.

Elle est voisine du *Cardita Matheroni* Mayer (Fontannes, *Moll. plioc. Vallée du Rhône*, pl. VII, fig. 15–17) qui a le même principe d'ornementation, mais elle s'en distingue par sa forme plus transverse, ses côtes bien plus nombreuses, sa charnière plus faible. C'est aussi le groupe de la *Cardita antiquata*, mais les côtes sont serrées, nombreuses, régulièrement squammeuses.

Le *Cardita striatissima* est extrêmement commun dans les terrains du Portugal que nous étudions; à Aguas Santas les échantillons généralement aplatis ont 30 mm. de long sur 25 de haut, les plus petits 25 mm. sur 20 mm., ils ont jusqu'à 32 côtes, très serrées au voisinage de la lunule qui est petite, bien circonscrite, nue et enfoncée. De Nadadoiro nous avons des exemplaires restés bivalves. A Negreiro la taille des échantillons est médiocre, l'ornementation très fine, il y a une prédominance d'exemplaires petits, courts, très épais, qui peuvent constituer une variété *abbreviata* long. 24 mm. sur 23 mm. de haut. Ce sont les premiers gisements hors de France qui nous soient connus.

Localités.—Aguas Santas, Negreiro, Nadadoiro, Monte-Real.

Famille XVIII—CHAMIDAE

CHAMA GRYPHINA Lamarck

Pl. VI, fig. 5 et 6

1814. *Chama sinistrorsa* Brocchi (*non* Bruguière), Conch. foss. subap., ii, p. 519.
1819.   — *gryphina* Lamarck, Anim. sans vert., vi, p. 97.
1838.   —   — Lam. Goldfuss, Petref. Germ., ii, 205, pl. CXXXVIII, fig. 9 (?).
1853.   — *gryphoides* Wood (*non* Linné), Crag Moll., ii, p. 163, pl. XV, fig. 8.
1862.   — *gryphina* Lam. Hoehnes, Foss. Moll. Wien, ii, p. 212, pl. XXXI, fig. 2.
1870.   —   — Lam. Hidalgo, Mol. marin. España, p. 148, pl. XL *A*, fig. 7.
1884.   —   — Lam. De Gregorio, Studi su talun., Conch. Med., p. 209.
1892.   —   — Lam. Bucq. Dautz. Dollf., Moll. mar. Roussillon, ii, p. 311, pl. L, fig. 5-8.
1898.   —   — Lam. Almera et Bofill, Mol. foss. plioc. Cataluña, p. 130.
1899.   —   — Lam. Sacco, I Moll. terr. terz. Piem., Part. xxvii, p. 66, pl. XIV, fig. 8-10.
1903.   —   — Lam. Dollfus, Faune malac. mioc. Rennes, As. Fr. Av. Sc., p. 659.
1905.   —   — Lam. Dollfus, Faune malac. mioc. Gourbesville, As. Fr., Av. Sc., p. 364.
1906.   —   — Lam. Dautzenberg, Dragages Ouest Afrique, Camp. scientif. Monaco, xxxii, p. 80.
1908.   —   — Lam. Cerulli-Irelli, Faune Mal. Mariana, fasc. ii, p. 38, pl. XVII, fig. 1-2 (très rare).

Testa sinistrorsa imbricata; squamis valvae minoris, inaequalibus, plerisque appressis, margine partim crenulato. (Lamarck) — Asti.

Il est impossible de conserver le nom de Brocchi qui avait été employé par Bruguière antérieurement pour une espèce exotique figurée par Martini et Chemnitz. Bien des auteurs ont examiné la question de savoir si cette espèce n'était pas simplement une variété sénestre de *Chama gryphoides* Linné. Mr. Sacco qui a manié des milliers d'échantillons est arrivé à la conclusion que c'était bien une forme spéciale.

Il n'y a qu'un petit nombre de variétés à mentionner:

Var. *taurolunata* Sacco (pl. XIV, fig. 11-14). Taille plus faible — Miocène de Turin et de Touraine.

Nous pensons que la var. *inversa* Bronn (Sacco, pl. XIV, fig. 15-20), forme gibbeuse, largement foliacée, est une espèce spéciale voisine de *C. Nicolloni* Dautzenberg.

Nous n'avons d'Aguas Santas qu'un seul échantillon de bonne taille, 38 mm. de large, 30 mm. de haut, voisin du type.

La distribution de *C. gryphina* montre que l'espèce débute dans le Miocène moyen de la Touraine, du Bordelais, de l'Italie, de l'Autriche, etc., qu'elle se propage dans le Plaisancien où elle est abondante, en Italie principalement, dans l'Astien de l'Angleterre et de tout le bassin Méditerranéen.

Dans les mers actuelles c'est une espèce méditerranéenne qui débouche dans l'Atlantique dans la région des Açores, de Madère et qu'on a des chances de découvrir quelque jour aux Canaries et au Cap-Vert. Elle vit à une profondeur médiocre, allant de 5 mètres à 150 mètres.

Localité. — Aguas Santas.

Famille XIX—CARDIIDEA

CARDIUM ACULEATUM Linné

1767. *Cardium aculeatum* Linné, Syst. Nat. Éd., xii, p. 1122.
1791.   —   —   Lin. Poli, Test. utriu. Siciliae, i, p. 60, pl. XVII, fig. 1-3.
1822.   —   —   Lin. Turton, Dithyra Brit., pl. XIII, fig. 6-7.
1835.   —   —   Lin. Lamarck, Anim. sans vert., Éd. II, t. vi, p. 397.
1859.   —   —   Lin. Sowerby, Illustr. Ind. Brit. Shells, pl. V, fig. 9.
1870.   —   —   Lin. Hidalgo, Mol. marin. España, p. 149, pl. XXXIX, fig. 1.
1892.   —   ,   —   Lin. Bucquoy, Dautz., Dollfus, Moll. mar. Roussillon, ii, p. 231, pl. XL, fig. 1-7.
1893.   —   —   Lin. D. Pantanelli, Lamellib. plioc., p. 166.
1899.   —   —   Lin. Sacco, I Moll. terr. terz. Piem., Part. xxvii, p. 35, pl. VIII, fig. 9-11.
1908.   —   —   Lin. Cerulli-Irelli, Fauna Malac. Mariana, II, p. 18, pl. XII, fig. 1-4.

Testa 'subcordata; sulcis convexis linea exaratis; exterius aculeato-ciliatis (Linné). *Oceano Europeo australi.*

C'est le *Cardium mucronatum* de Linné Editio X (pars) et du Museum Ulricae, le type linnéen a cependant été identifié de bonne heure grâce aux figures anciennes de Bonanni, Gualtieri, d'Argenville qui en donnent une juste idée, la figure de Turton représente la forme britannique courante plus faible que celle de la Méditerranée.

Cette grande et belle espèce est caractérisée par sa troncature postérieure dont la surface est couverte de costules pourvues d'épines acérées, parfois courbes, rondes, plus ou moins caduques; on peut attribuer au type une hauteur de 65 mm., un diamètre transversal de 70 mm. et une épaisseur de 60 mm., valves réunies.

Les fragments que nous avons de Monte-Real et de Negreiro ont tous leurs épines brisées, mais les cicatrices sont caractéristiques et l'angle du côté antérieur et du bord palléal est pourvu à l'intérieur d'un sillon rayonnant profond qui n'existe pas dans les autres espèces. Toute la surface était couverte de côtes rayonnantes, fortes et larges, au centre desquelles se dressait un tubercule épineux robuste, les intervalles des côtes sont couvertes de lamelles transversales, serrées, un peu ondulées, qui passent aussi sur les côtes.

Mr. Sacco à signalé une var. *transversa,* pl. VIII, fig. 12, élargie transversalement, comme ayant conservé dans l'adulte quelque peu des caractères du jeune âge, qui est souvent désigné sous le nom de *C. ciliare* (pars). Nous sommes portés à croire que la fig. 13, pl. VIII, désignée par Mr. Sacco sous le nom de *C. paucicostatum,* appartient au contraire au *C. aculeatum,* le test est plus solide, les côtes au nombre de 21 sont plus nombreuses que dans le vrai *C. paucicostatum,* dans lequel on ne compte guère que 17 rayons. Par contre je ferai volontiers passer dans le *C. paucicostatum* de Sowerby, à l'exemple de Mr. Sacco, le *C. aculeatum* var. *perrugosa* de Fontannes.

Mr. Dante Pantanelli a donné une bonne dissertation sur les caractères différentiels de tous ces grands Cardiums du Pliocène et de la Méditerranée actuelle.

Bien que nous n'ayons pas d'échantillons complets nous pensons devoir créer une variété *major* pour nos échantillons de Monte-Real, qui sont bien plus robustes que tous les spécimens vivants auxquels nous les avons comparés.

Le *Cardium aculeatum* n'existe pas authentiquement dans le Miocène, la citation de Mayer est basée seulement sur un moule de la Molasse Suisse, mais il existe dans tout le Pliocène italien et le Pleistocène méditerranéen. Sa distribution actuelle va de la Manche au Maroc, en y comprenant toute la Méditerranée. Forbes et Hanley le donnent comme une espèce spécialement Lusitanienne. Elle vit à une profondeur médiocre dans les fonds de sable fin.

Localités.—Monte-Real, Negreiro.

CARDIUM PAUCICOSTATUM Sowerby

1791. *Cardium ciliare* Poli (*non* Linné), Test. utriu. Siciliae, i, p. 6, pl. XVI, fig. 20.
1831. — — Bronn (pars), Ital. Tertiargeb., p. 107.
1836. — *aculeatum* Deshayes (pars), Expédition de Morée, iii, p. 104.
1839. — *paucicostatum* Sowerby Illust. Conch. G. *Cardium*, i, fig. 20.
1847. — — Sowerby in Smith, Tertiary beds Tagus, p. 413.
1870. — — Sow. Hidalgo, Mol. mar. España, p. 50, pl. XXXVII, fig. 4 (méd.).
1880. — *aculeatum* var. *perrugosa* Fontannes, Moll. plioc. Rhône, ii, p. 81, pl. V, fig. 2.
1892. — *paucicostatum* Sow. B.D.D. Moll. du Roussillon, ii, p. 268, pl. XLIV, fig. 1-5.
1899. — — Sow. Sacco, 1 Moll. terr. terz. Piem., Part. xxvii, p. 35, pl. VIII, fig. 13-16.
1903. — — Sow. Dollfus, Cotter et Gomes, Moll. tert. Portugal, planches Costa, pl. XV, fig. 6 et 7, pl. XVI, fig. 1, 2 et 3.
1908. — — Sow. Cerulli-Irelli, Fauna Malac. Mariana, p. 95, pl. XII, fig. 5-6.

Testa cordata, paullo tumida, vix inaequilatera, postice subtruncata, vix levissime hians, costis 15–20 acutangulis, linea elevata subcarinatis et papillis minoribus antice latioribus, postice acutis, armatis, interstitiis planis fere aequalibus, transversim striatis; umbones submediani, margine dorsali posteriore valde declivi. (Carus). Prodromus Faunae Mediterraneae, II, p. 111.

Le nom de *C. ciliare* Linné doit disparaître comme ayant été fondé sur des individus jeunes du *C. aculeatum* et c'est le nom de Sowerby qui devient le plus ancien. Fontannes a très bien vu cette question historique, mais il n'a pas connu l'espèce de Sowerby et s'est contenté de former une variété *perrugosa* qui ne s'éloigne guère du type.

Il faut relever les variétés suivantes:

Var. *rotundicosta* Sacco (pl. VIII, fig. 18). Côtes bien arrondies à carène mousse (Plaisancien).

Var. *Bianconiana* Cocconi (Sacco, pl. VIII, fig. 20 à 23). Forme arrondie à côtes larges et planes.

Var. *producta* B.D.D. (pl. XLIV, fig. 6 à 8). Forme nettement oblique et baillante.

Les exemplaires du Portugal comprennent: un petit échantillon de Nadadoiro, mal conservé, qui mesure 24 mm. sur 20 mm. de haut, côtes pourvues d'une crête lamellaire mince à épines pointues qui s'élève au milieu des côtes et s'accentue vers le bord palléal et sur les côtés; un fragment de la même localité décèle un échantillon de très grande taille, très mince et bien orné; de Selir do Porto nous avons de nombreux moules de formes diverses, les uns obliques répondant à la variété *producta*, les autres arrondis conformes à la var. *Bianconiana*.

Nous avons enfin de Negreiro divers fragments importants qui décèlent des exemplaires de 60 mm. de haut sur 72 de largeur, conformes à la figure 13 de Sacco, les côtes rondes sont ornées de lignes d'accroissement en chevron, les intervalles des côtes sont plats avec lignes d'accroissement droites. Les planches de Costa sont bonnes et bien suffisantes pour cette espèce.

Le *C. paucicostatum* rare dans l'Helvétien moyen d'Italie, de France et de la Suisse, passe sans abondance dans le Tortonien (Cacella) et prend sa pleine extension dans le Plaisancien du bassin Méditerranéen et de ses annexes, on le suit dans l'Astien; dans les mers actuelles il vit dans l'Atlantique au sud de la Bretagne jusqu'au Maroc et dans toute la Méditerranée. Son habitat est sur les côtes sableuses à une profondeur médiocre ne dépassant pas 75 mètres.

Localités.—Nadadoiro, Negreiro, Selir do Porto, et Alfeite au Sud du Tage.

CARDIUM (PARVICARDIUM) PAPILLOSUM Poli

1791. *Cardium papillosum* POLI, Test. utriu. Siciliae, I, p. 56, pl. XVI, fig. 2-4.
1814. — *punctatum* BROCCHI, Conch. foss. subap., II, p. 666, pl. XVI, fig. 11.
1814. — *planatum* Renier, BROCCHI, Id., II, p. 507, pl. XIII, fig. 1.
1859. — *papillosum* Poli, SOWERBY, Illust. Index Brit. Shells, pl. V, fig. 5.
1862. — — Poli, HOERNES, Foss. Moll. Wien., II, p. 191, pl. XXX, fig. 8.
1870. — — Poli, HIDALGO, Mol. marin. España, p. 151, pl. XL A, fig. 1.
1882. — — Poli, FONTANNES, Moll. plioc. Rhône, II, p. 83, pl. V, fig. 4 et 5.
1892. — — Poli, B.D.D., Moll. mar. Roussillon, II, p. 273, pl. XLIV, fig. 9-12.
1898. — — Poli, ALMERA et BOFILL, Mol. foss. plioc. Catal., p. 131.
1899. *Papillicardium papillosum* Poli, SACCO, I Moll. terr. terz. Piem., Part. XXVII, p. 44, pl. XI, fig. 1-3.
1903. *Cardium papillosum* Poli, DOLLFUS, Faune malac. mioc. Rennes, As. Fr. Av. Sc., p. 659.
1905. — — Poli, DOLLFUS, Faune malac. mioc. Gourbesville, As. Fr. Av. Sc., p. 364.
1905. — — Poli, GENTIL et BOISTEL, Gisements plioc. Tetuan, Comptes-Rendus, Acad. Fr. 26 juin.
1908. — — Poli, CERULLI-IRELLI, Fauna Mal. Mariana, II, p. 100, pl. XIV, fig. 8-16.

C. testa parva, suborbiculari, convexa, paululum obliqua, radiatim costata, costis quatuor et viginti, papillis brevibus undique echinatis, costarum interstitiis transversim impresso-punctatis. (Hoernes).

Le sous-genre *Papillicardium* nous paraît faire double emploi avec *Parvicardium*, si on adoptait des caractères d'ornementation aussi peu importants pour l'établissement des sous-genres, il faudrait, parmi les Cardium vivants, introduire plus de trente sous-genres à limites incertaines.

Les échantillons du Miocène sont presque dépourvus de papilles, mais, comme l'indique Hoernes, il faut considérer comme caractère tout aussi important la présence de points profondément creusés dans l'intervalle des côtes.

Il y a lieu de considérer seulement les variétés suivantes:

Var. *Dertonensis* Micht. Sacco (pl. XI, fig. 4 et 5). Fondé pour des échantillons épais, arrondis, gibbeux. (Plaisancien).

Var. *transversa* Cerulli-Irelli (pl. XIV, fig. 21 et 22). Forme oblique, transversalement allongée, papilles peu développées, côtes sculptées par les sillons rayonnants.

Var. *pertransversa* Sacco (pl. XI, fig. 6 et 7). Forme oblique transversalement striée = *obliquata* Monterosato:

Il nous paraît que c'est encore le *C. (Eucardium) obliquatum* Aradas in C. Crema, *Sul piano siciliano nelle valle del Crato* (Calabria), p. 11, pl. III, fig. 2 et 3.

Var. *maxima* B.D.D. (pl. 44, fig. 13). Grande forme vivante aux Açores.

Nous n'avons actuellement sous les yeux que deux petits spécimens d'Aguas Santas, un peu ébréchés, mais bien reconnaissables, mesurant 10 mm. de long sur 9 mm. de haut, à côtes fortes, bien arrondies, plus larges que leurs intervalles; forme régulièrement ovale peu profonde, sans trace de carène.

Le *C. papillosum* est connu du Miocène de presque toute l'Europe, il passe dans le Pliocène de la France, de l'Italie, d'Autriche, de l'Algérie (Plaisancien), et de tout le bassin Méditerranéen; à l'époque actuelle on le rencontre de la Manche au Sénégal et dans toute la Méditerranée. (Fayal, Dautzenberg, 1889). Son extension verticale est considérable, puisqu'elle va depuis la région littorale jusqu'à 1.500 mètres et plus de profondeur.

Localité. — Aguas Santas.

Famille XX—ARCIDAE

ARCA DILUVII (Lamarck) Deshayes

Pl. VI, fig. 7 et 8

1795. *Arca antiquata* Poli (*non* Linné), Test. utriu. Siciliae, ii, p. 146, pl. XXV, fig. 14 et 15.
1805. — *diluvii* Lamarck, Annales du Muséum, t. vi, p. 219.
1814. — *antiquata* Brocchi (*non* Linné), Conch. foss. subap., ii, p. 477.
1814. — *didyma* Brocchi, Id., ii, p. 479 (juvenis).
1831. — *diluvii* Lam. Dubois de Montpereux, Conch. Plateau Volhynic-Podolien, p. 63, pl. VII, fig. 10-12.
1835. — — Lam. Lamarck (Éd. Deshayes), Anim. sans vert., vi, p. 476 (note).
1836. — *antiquata* Philippi (*non* Lam.), Enum. Moll. Siciliae, i, p. 59, pl. V, fig. 2.
1836. — *diluvii* Lam. Goldfuss, Petref. Germ., ii, p. 143, pl. CXXII, fig. 2.
1838. — — Lam. Bronn, Lethœa Géogn., ii, p. 938, pl. XXXIX, fig. 2.
1845. — *latesulcata* Nyst, Coq. foss. Tert. Belgique, p. 256, pl. VII, fig. 8.
1865. — *diluvii* Lam. Hoernes, Foss. Moll. Wien., ii, p. 333, pl. XLIV, fig. 3 et 4.
1867. — — Lam. Weinkauff, Conch. des Mittelm., i, p. 198.
1868. — *Polii* Mayer, Catal. syst. Coq. tert. Zurich, iii, p. 75.
1881. *Anomalocardia diluvii* Lam. Fontannes, Moll. plioc. Rhône, p. 164, pl. IX, fig. 20-22.
1890. *Arca diluvii* Lam., Cl. Reid. Plioc. dep. of Britain, p. 262.
1891. — — Lam. B.D.D., Moll. mar. Roussillon, ii, p. 191, pl. XXXI, fig. 13-17.
1898. *Anadara diluvii* Lam. Sacco, I Moll. terr. terz. Piem., Part. xxvi, p. 20, pl. IV, fig. 7-12.
1898. *Anomalocardia diluvii* Lam. Almera et Bofill, Moll. plioc. Cataluña, p. 124 et 125, pl. X, fig. 11-13.
1904. *Arca diluvii* Lam. Berkeley Cotter, Moll. Tert. Portugal, Esquisse, p. 43 (Cacella).
1905. — — Lam. Gentil et Boistel, Gisements plioc. Tetuan, Compte rendu Acad. Fr. 25 juin.
1907. — — Lam. Dautzenberg et De Lamothe, Marnes plaisanc. d'Alger. Soc. Géol., t. vii, p. 498.
1907. — — Lam. Cerulli-Irelli, Fauna Malac. Mariana, i, p. 115, pl. VIII, fig. 12 et 13.
1907. — *Polii* Mayer, F. Lamy, Révision des *Arca* vivants, J. Conch., lv, p. 214, t. lii, p. 153, pl. V, fig. 8.

Testa ovata, cordiformis, valde ventricosa, in longum sulcata transversim que striata, umbonibus maximis, elatis, apicibus remotis, area elliptica, margine dentato. (Poli).

Testa ovato-transversa, ventricosa, multicostata; costis planulatis, transverse striatis; area declivi; margine crenato. (Lamarck, 1819).

L'historique de cette espèce est peu satisfaisant, il est impossible d'employer le nom d'*Arca antiquata* Linné, car cet auteur a confondu sous ce nom les formes les plus disparates, les nombreuses références données se rapportent à des espèces des Antilles, de la côte d'Afrique, de Java, et il est douteux même si aucune des figures mentionnées se rapporte à la forme méditerranéenne, l'examen fait par Hanley de l'exemplaire typique de Linné, qu'il a figuré (*Linné ipsa Conchylia*, pl. IV, fig. 3), n'est pas concluant, et il vaut mieux laisser tomber ce nom dans l'oubli.

Le nom d'*Arca diluvii* Lamarck n'est guère meilleur; comme l'a fait observer Deshayes, car Lamarck a confondu sous ce nom une première espèce vivante et fossile de Plaisance, conforme à la figure de Poli; une seconde espèce du Bordelais (*A. subdiluvii* d'Orbigny) et une troisième espèce, en plus grand nombre, l'*A. Turonica*.

Dans cet ensemble Deshayes en 1835 a circonscrit l'*A. diluvii* de Lamarck pour l'espèce figurée par Poli, qui doit rester ainsi le type définitif, ce qui rend sans objet la création de l'*A. Polii* Mayer fondée sur les mêmes figures, la figuration de Philippi s'y rapporte également.

Cette forme typique est encore la même qui a été mentionnée par Brocchi sous le nom fautif d'*A. antiquata* et par Dubois de Montpéreux.

L'espèce de Poli représente un échantillon subglobuleux, ovalaire, court, oblique, à bord palléal arrondi, pourvu de 22 à 24 côtes, à denticulations cardinales nombreuses, serrées, continues;

l'aire ligamentaire est médiocre, tous les bords sont régulièrement crénelés; et, il faut considérer comme variétés tous les exemplaires transverses ou carrés. C'est par une méprise incompréhensible que Mr. de Gregorio[1] a cherché à rétablir le nom d'*A. latesulcata* Nyst pour la figure de Poli, Nyst au contraire mentionne l'*A. diluvii* comme forme courte, en citant la figure de Poli, et crée son *A. latesulcata* (pl. VII, fig. 8), pour la variété transverse de la même espèce.

Les variétés se développent naturellement comme suit:

Var. *Bollenensis* Fontannes (Sacco, pl. IV, fig. 13). Forme très peu oblique, crochets subcentraux, subglobuleux. (Hoernes, fig. 4; Fontannes, fig. 22).

Var. *subantiquata* d'Orbigny (Sacco, pl. IV, fig. 14–16). Grande forme trapezoïde, bombée, côtes principales subplanes (Helvétien) (*Prod. de Paleont.*, III, p. 123, n° 2318), fondé sur la figure de Gualtieri, pl. LXXXVII, fig. C).

M. Cerulli-Irelli vient d'en donner d'excellentes figures (Pl. VIII, fig. 14–15) d'après des échantillons du Monte-Mario mesurant 64 mm. de long. sur 48 de largeur, à aire ligamentaire très ample, à côtes bien espacées passant à l'*A. Fichteli*, Desh. du Miocène.

Var. *compresso-gibba* Sacco (pl. IV, fig. 17). Forme voisine de la précédente, mais encore plus haute, sub-carrée, non oblique. (Figure de Bronn, etc.).

Var. *gracilicosta* Sacco (pl. IV, fig. 18). Côtes radiales plus fines, bien distantes entre elles.

Var. *latesulcata* Nyst. Forme transversale, bord palléal bien arrondi (Hoernes, fig. 3; Fontannes, fig. 20 et 21).

L'*A. subdiluvii* d'Orbigny (Prodrome 26–2321) fondé sur la figure de Goldfuss et celle de Nyst, se confond avec la variété transverse de ce dernier auteur ainsi que nous l'avons expliqué.

Var. *pertransversa* Sacco (pl. IV, fig. 19–21). Forme bien transverse, élargie latéralement, bord palléal presque rectiligne.

Il faut maintenir, provisoirement du moins, comme espèce distincte l'*A. corbuloides* Monterosato, (*Moll. du Roussillon*, pl. XXXI, fig. 18), espèce transverse à l'excès, à bord palléal bien arrondi, à côtes crenelées fortement qui s'approche de l'*A. latesulcata* Nyst. Les deux variétés figurées par MM. Almera et Bofill sont à réunir au type.

Nous n'avons sous les yeux que deux échantillons d'Aguas Santas qui diffèrent assez sensiblement.

L'un est subquadrangulaire, à bord palléal parallèle au bord cardinal, longueur 12 mm. hauteur 10 mm., 24 à 26 côtés un peu plus larges que leurs intervalles, un peu aplaties, les intervalles montrent des cordons parallèles concentriques devenant frustes sur les côtes; dents continues, nombreuses, disposées en arc de cercle; var. *compresso-gibba* Sacco (pl. VII, fig. 7–8).

L'autre est de forme subarrondie, et mesure 16 mm. sur 13 mm., avec 26 à 27 côtes, crochet subcentral, bord palléal bien arrondi, courbé symétriquement comme l'arc dentaire, area ligamentaire triangulaire, très faible; il convient de lui donner le nom nouveau de var. *subrotunda*.

Si nous laissons de côté les formes ancestrales Aquitaniennes et les variétés Helvétiennes, nous pouvons dire que l'*A. diluvii* normal est largement répandu dans le Miocène européen du Nord et du Midi, il a été découvert à Lenham en Angleterre par Mr. Reid, il est connu au Bolderberg et à Edgehem en Belgique.

Les citations du bassin Méditerranéen pendant le Pliocène sont si nombreuses que nous renonçons à les mentionner, l'espèce devient plus rare dans le Pleistocène Italien.

Dans les mers actuelles c'est une espèce peu abondante, vivant dans les fonds de la Méditerranée et de son débouché dans l'Atlantique (Iles du Cap-Vert). Elle a eu son maximum dans le Plaisancien, et semble en pleine décadence dans nos mers actuelles d'Europe, mais elle n'est pas éloignée de l'*A. Talismani* Locard draguée à l'Ouest du Sahara, et de l'*A. anadara* (Adanson, pl. XVIII, fig. 7) du Sénégal, qui n'en paraît que un rameau.

Localité.—Aguas Santas. Des moules internes et des empreintes rendent probable la présence de cette espèce à Alfeite.

---

[1] *Studi su talune Conchiglie Mediterranee viventi e fossile*, 1884, p. 84.

ARCA TETRAGONA Poli

1795. *Arca tetragona* Poli, Test. utriu. Siciliae, ii, p. 137, pl. XXV, fig. 12 et 13.
1803. — *Noë* Montagu (*non* Linné), Testacea Brit., p. 139, pl. IV, fig. 3 (inéd.).
1822. — *tetragona* Poli, Turton, Dithyra Brit., p. 167, pl. XIII, fig. 1 (anomalie).
1835. — — Poli, Lamarck (Éd. Deshayes), Anim. sans vert., t. vi, p. 461.
1841. — *cardissa* Lam. Delessert, Recueil de Coquilles non figurées, pl. XI, fig. 14.
1851. — *tetragona* Poli, Wood, Crag Moll., i, p. 76, pl. X, fig. 1 a–d.
1859. — — Poli, Sowerby, Illustr. Ind. Brit. Shells, pl. VIII, fig. 10 (var. *Britannica*).
1870. — — Poli, Hidalgo, Mol. marin. España, p. 132, pl. LXIX, fig. 4 et 5.
1881. — — Poli, Fontannes, Moll. Plioc. Rhône, i, p. 151, pl. IX, fig. 2–4.
1891. — — Poli, B.D.D., Moll. mar. Roussillon, ii, p. 177, pl. XXXI, fig. 1–5 (type).
1893. — — Poli, D. Pantanelli, Lamellib. plioc., p. 126.
1898. — — Poli, Sacco, 1 Moll. Terr. Terz. Piem., part. xxvi, p. 5, pl. I, fig. 12 et 13 (type).
1906. — — Poli, Dautzenberg et Fischer, Campagne scientifique Monaco, xxxii, p. 74 (Madère).
1907. — — Poli, Cerulli-Irelli, Fauna Malac. Mariana, p. 46, pl. V, fig. 27.
1907. — — Poli, E. Lamy, Révision des *Arca* vivants. Jour. Conch., lv, p. 41.

Testa transversa, oblongo-quadrata, decussatim striata; valvis costa obliqua eminente, margine hiante, ad latera subcrenato. (Lamarck).

La nomenclature et la synonymie de cette espèce sont maintenant bien épurées. Nous n'avons pas à nous occuper des anciens noms de *A. Noë*, Mont. (*non* Linné), *A. fusca*, Donov. (*non* Brugnière), *A. tortuosa*, *A. navicularis*, etc., ces noms sont oubliés, le type figuré par Poli représente une forme régulière, subrectangulaire et tronquée presque à angle droit du côté postérieur (*Moll. du Rouss.*, pl. XXXI, fig. 1–5); denticules cardinaux inégaux, faibles, discontinus.

Mais bon nombre de variétés ont été signalées:

Var. *parvulina* Sacco (pl. I, fig. 14 et 15). Exemplaires tout petits de l'Helvétien; les figures de Montagu donnent des exemplaires encore plus petits.

Var. *perlonga* Sacco, fondée sur une figure très transverse donnée par Fontannes, pl. XI, fig. 4.

Var. *perelata* Sacco (pl. I, fig. 16–18). Forme courte, valves très gibbeuses, sommet pyramidal.

Var. *Britannica* Reeve in Wood (pl. X, fig. 1 d), qui se confond avec la var. *acutangula* Sacco, forme étroite et longue, coupée obliquement.

Var. *perbrevis* Sacco (pl. I, fig. 22). Forme haute, très courte et comprimée latéralement.

Var. *cardissa* Lamarck, fondée sur des exemplaires déformés par leur habitat dans les rochers. (*Moll. du Rouss.*, pl. XXXI, fig. 6–12).

L'échantillon unique de Nadadoiro que nous avons sous les yeux est très roulé, il mesure 28 mm. le long; sa hauteur est difficile à apprécier, mais l'aire ligamentaire haute de 10 mm. est sensiblement égale à la distance existante entre la charnière et le bord cardinal. Le sinus byssal est fortement accusé comme dans la figure 1 c, de Wood.

L'*Arca tetragona* est assez répandu dans l'Helvétien d'Italie, en Corse (Locard), aux Açores, peu commun dans le Tortonien, il est abondant relativement dans le Plaisancien et l'Astien de l'Italie, de l'Algérie et du Midi de la France, on le suit dans le Pleistocène Méditerranéen. Dans les mers actuelles on le rencontre dans l'Atlantique, des Iles Shetland aux Iles Canaries, au Cap-Vert, à Madère et dans toute la Méditerranée, il habite les fonds rocheux et dans les amas de coquilles mortes on l'a dragué entre vingt et cent mètres de profondeur.

Nous ne connaissons rien d'analogue dans les bassins du Miocène de la Gironde ni de la Loire, mais il existe dans le Pliocène de l'Angleterre et de la Belgique, c'est en somme un fossile Néogène de l'Europe occidentale jusqu'ici sans grande valeur stratigraphique, Mr. Bergeron dans son étude des coquilles pliocènes de l'Andalousie en a donné des références fort étendues.

Localité. — Nadadoiro.

ARCA (FOSSULARCA) LACTEA Linné

Pl. VI, fig. 9 et 10

1767. *Arca lactea* Linné, Syst. Nat., xii, p. 1141.
1778. — — Lin. Da Costa, Brit. Conch., p. 171, pl. XI, fig. 5.
1814. — *nodulosa* Brocchi (*non* Linné), Conch. foss. subap., ii, p. 478, pl. XI, fig. 6 *a, b, c.*
1819. — *lactea* Lin. Lamarck, Anim. sans vert., vi, p. 40.
1822. — *perforans* Turton, Dithyra Brit., p. 169, pl. XIII, fig. 2 et 3.
1826. — *Quoyi* Payraudeau, Moll. de Corse, p. 62, pl. I, fig. 40–43.
1826. — *Gaimardi* Payraudeau, Id., p. 61, pl. I, fig. 36-39.
1852. — *lactea* Lin. Wood, Crag Moll., ii, p. 77, pl. X, fig. 2.
1859. — — Lin. Sowerby, Illustr. Ind. Brit. Shells, pl. VIII, fig. 8 et 9.
1865. — — Lin. Hoernes, Foss. Moll. Wien, ii, p. 336, pl. XLIV, fig. 6.
1870. — — Lin. Hidalgo, Mol. marin. España, p. 133, pl. LXIX, fig. 6 et 7.
1881. *Barbatia lactea* Lin. Fontannes, Moll. plioc. Rhône, ii, p. 155, pl. IX, fig. 9 *a, b.*
1891. *Arca lactea* Lin. B.D.D., Moll. mar. Roussillon, ii, p. 185, pl. XXXVII, fig. 1-5.
1898. *Fossularca lactea* Lin. Sacco, I Moll. Terr. Terz. Piem., part. xxvi, p. 19, pl. III, fig. 20-23.
1901. *Arca lactea* Lin. Dollfus et Dautzenberg, Nouvelle liste Pélécypodes Mioc. Touraine, p. 36.
1903. — — Lin. G. Dollfus, Faune Malac. Mioc. Rennes, Ass. Fr. Av. Sc. Angers, p. 659.
1905. — — Lin. Gentil et Boistel, Gisement plioc. Tetouan, Compte-rendus Acad. Fr., 26 juin.
1905. — — Lin. G. Dollfus, Faune Malac. Mioc. Gourbesville, Ass. Fr. Av. Sc. Cherbourg, p. 365.
1907. — — Lin. Dautzenberg et de Lamothe, Marnes plaisanciennes d'Alger, Soc. Géol., vii, p. 498.
1907. — — Lin. Cerulli-Irelli, Fauna Malac. Mariana, p. 49, pl. VI, fig. 6-10.
1907. — — Lin. E. Lamy, Révision des *Arca* vivants. Jour. Conch., lv, p. 97.

Testa subrhomboidea obsolete decussatim striata, diaphana, natibus recurvis, margine crenulato. (Linné).

Linné ne cite aucune figure et rien dans sa description ne permet de préciser la forme typique, mais les auteurs se sont accordés à y rapporter l'*Arca Quoyi* Payraudeau de la Méditerranée.

L'exemplaire découvert à Nadadoiro est d'une taille moyenne: longueur 10 mm. hauteur 6 mm. et de forme subtriangulaire, étant orné vers le crochet de cordons rayonnants assez espacés et très nets, entre lesquels s'intercalent vers le bord palléal d'autres rayons très nombreux et très fins; nous observons des variations analogues dans la disposition des côtes rayonnantes dans une série importante du Miocène de l'Ouest de la France que nous avons sous les yeux. Ces cordons sont coupés par d'autres disposés concentriquement, plus ou moins bien visibles, et qui déterminent un réticule inégal. Les caractères du sous-genre qui consistent en stries perpendiculaires à la charnière à la base de l'aire ligamentaire sont bien visibles.

Il faut signaler quelques variétés:

Var. *Gaimardi* Pay. de forme très convexe, courte, de subcubique à subglobuleuse. Sacco (pl. III, fig. 24-27).

Var. *Ardescica* Fontannes (pl. IX, fig. 10-11). Forme assez régulièrement ovale, peu renflée.

Var. *lactanea* Wood (pl. X, fig. 2). Aire ligamentaire très allongée.

Peut-être faut-il encore y rapporter comme variété le *Jabel* d'Adanson, *Arca afra* Gmelin, devenue l'*A. pisolina* Lamarck à ligament plus étroit. (Lamy, J. C., t. lii, p. 147, pl. V, fig. 6-7). Commun au Sénégal.

Il est très probable que l'*Arca Rollei* Hoernes (pl. XLIV, fig. 8) à bords crénelés et l'*A. dichotoma* Hoernes (pl. XLIV, fig. 9) à rayons bifurqués sont encore des variétés de l'*A. lactea*, mais le manque d'échantillons ne nous permet pas de trancher définitivement cette question.

L'*Arca lactea*, qui a des ancêtres nombreux dans l'Eocène et l'Oligocène, apparaît bien caractérisé dans l'Helvétien de l'Italie, de l'Autriche, des bassins de la Gironde et de la Loire; il se propage dans le Tortonien de l'Italie, etc., dans le Plaisancien il est très commun, il passe dans l'Astien du Midi et du Nord, dans le Pleistocène méditerranéen; à l'état vivant on le rencontre dans l'Atlantique depuis les côtes d'Angleterre (région Sud) jusqu'aux Canaries, au Cap-Vert (Dautzenberg et Fischer) et dans toute la Méditerranée, son étendue bathimétrique descend jusqu'à 500 mètres.

Localité.—Nadadoiro.

ARCA (SOLDANIA) MYTILOIDES Brocchi

Pl. VI, fig. 15 à 18

1814. *Arca mytiloides* Brocchi, Conch. foss. subap., ii, p. 477, pl. XI, fig. 1.
1819. — — Br. Lamarck, Anim. sans vert., vi, p. 47.
1844. — — Br. Philippi, Enum. Moll. Siciliae, ii, p. 43.
1854. — — Br. Bayle et Ville, Notice géol. prov. d'Oran et Alger., Bull. Soc. Géol. Fr., t. xi, p. 512
      (Sidi Moussah)
1884. — — Br. De Gregorio. Studi su tal., Conch. méd. viv. et foss., p. 81.
1886. — — Br. Vidal, Reseña geol. prov. de Gerona, Ampurdan, p. 237.
1898. *Soldania mytiloides* Br. Sacco, 1 Moll. Terr. Terz. Piem., part. xxvi, p. 17, pl. IV, fig. 1-3.
1904. *Arca mytiloides* Br. Berkeley Cotter, Moll. Tert. Portugal (Esquisse), Tortonien, p. 21; Cacella, p. 44.
1907. — — Br. Cerulli-Irelli, Faune Malac. Mariana, p. 48, pl. VI, fig. 2-5.

Testa oblonga, glaberrima, obsolete longitudinaliter striata, valvis in medio compressis, cardine utraque extremitate dentato, margine superne hiante, integro. (Brocchi).

Plusieurs auteurs italiens ont critiqué la figure de Brocchi comme présentant une surface beaucoup trop striée et Mr. Sacco a présenté des photographies d'échantillons presque lisses, nous pensons qu'on peut trouver des échantillons pourvus de côtes rayonnantes très nettes, car nos échantillons du Portugal en fournissent des exemples probants (Negreiro). On observe sur le côté antérieur extrème cinq costules doubles limitées par un rayon déprimé lisse, puis dans toute la région antérieure une série de côtes très plates, très larges, séparées par des sillons qui vont en s'accusant jusqu'à la région centrale, nous comptons une douzaine de ces côtes plates; la région postérieure paraît lisse, mais avec attention on la remarque aussi sillonnée de rayons espacés onduleux qui vont en s'élargissant vers le bord palléal, nous pouvons compter une vingtaine de ces côtes obsolètes. Les dents cardinales sont réduites à un petit nombre de crénelures inégales, obliques, situées aux deux extrémités de la charnière, l'aire ligamentaire longue et étroite est pourvue d'un petit nombre de sillons obliques plus ou moins ondulés. On remarque également dans nos échantillons quelques bourrelets concentriques irréguliers, saillants, plus développés sur le côté postérieur. Les valves sont souvent inégales et un peu tordues faisant songer au groupe des Parallelipipedum.

Quelques zones plus foncées dénotent d'une ancienne coloration comme dans certains exemplaires italiens. Beaux échantillons, longueur 100 mm., hauteur 40 mm., quelques uns atteignent même 112 mm.

Mr. de Gregorio a créé quelques variétés peu importantes:

Var. *propetipus* De Gregorio (Sacco, pl. IV, fig. 4 et 5). Forme haute, stries superficielles très peu visibles.

Var. *uniopsis* De Gregorio (Sacco, pl. IV, fig. 6). Forme très haute et renflée, côté antérieur très développé.

Var. *Marioensis* De Gregorio (Cerulli, pl. VI, fig. 4). Forme déprimée et atténuée antérieurment.

Var. *elongata* Cerulli-Irelli (pl. VI, fig. 5). Forme subcylindrique très peu mytiloide, peu développée antérieurement, sublisse.

Aguas Santas grands fragments, Nadadoiro échantillons jeunes très nombreux, Negreiro, etc.

Nous avons d'Alfeite divers moulages et empreintes qui paraissent devoir se rapporter à cette espèce, mais les stries rayonnantes paraissent avoir été encore bien plus nombreuses et plus serrées.

Il faut considérer l'*Arca gallica* Mayer de l'Helvétien de Salles comme une forme ancestrale, les citations de Grateloup paraissent devoir se rapporter à cette espèce. L'*A. mytiloides* est fort rare dans le Tortonien d'Italie, mais très abondante dans le Plaisancien et l'Astien, elle se propage dans le pliocène supérieur de Sicile sans atteindre le Pleistocène et les mers actuelles. Cette espèce est fort mal connue hors d'Italie, nous ne la voyons citée que d'Espagne, d'Alger et du Portugal (Tortonien de Lisbonne, d'Adiça et de Cacella). Il n'y a rien d'analogue ni en Autriche, ni dans la vallée du Rhône, ni en Touraine. ni dans les bassins du nord de l'Europe. Il nous reste beaucoup à apprendre à son sujet.

Localités.—Aguas Santas, Negreiro, Nadadoiro, Selir do Porto, Monte-Real.

ARCA (PECTINARCA) PECTINATA Brocchi

Pl. VI, fig. 11 à 14

1814. *Arca pectinata* BROCCHI, Conch. foss. subap., II, p. 476, pl. X, fig. 15 *a, b.*
1831. — — Br. LAMARCK, Anim. sans vert. (Éd. Deshayes), VI, p. 479.
1836. — *Breislaki* PHILIPPI, Enum. Moll. Siciliae, I, p. 60, pl. V, fig. 1 (*non* Basterot).
1868. — *pectinata* Br. MAYER, Catal. foss. Tert. Zurich, III, p. 17, 71.
1877. — — Br. FISCHER, Paleont. Terr. Tert. Rhodes, p. 16.
1881. *Anomalocardia pectinata* Br. FONTANNES, Moll. plioc. Rhône, II, p. 166, pl. IX, fig. 23.
1884. *Arca pectinata* Br. DE GREGORIO, Studi su tal. Conch. méd. viv. et foss., p. 82.
1898. *Pectinarca pectinata* Br. SACCO, I Moll. Terr. Terz. Piem., part. XXVI, p. 26, pl. V, fig. 22–25; pl. VI, fig. 1–5.
1898. *Arca pectinata* Br. ALMERA et BOFILL, Mol. foss. plioc. Catal., p. 125.
1905. — — Br. GENTIL et BOISTEL, Gisement plioc. Tetuan. Compte-rendu Acad. Fr. 26 juin.
1907. — — Br. CERULLI-IRELLI, Faune Malac. Mariana, p. 53, pl. VI, fig. 20 (très rare).

Testa subrhombea, anterius depressa, posterius rotundata, costis complanatis circiter triginta profundo sulco discretis, margine intus serrato. (Brocchi).

L'*Arca pectinata* n'a pas été toujours bien isolé, les exemplaires jeunes ont été rapprochés par Philippi avec un léger doute de l'*A. Breislaki* Basterot, avec laquelle il est en effet facile de le confondre et cette manière de voir a été adoptée plus ou moins longtemps par Bronn, Hoernes, Locard.

De fait, nous avons de Nadadoiro des échantillons indiscutables qui mesurent 50 mm. de long sur 30 mm. de hauteur et ornés de 34 côtes larges, aplaties, presque jointes, plus larges du côté antérieur. La forme générale est bien transverse et elliptique, le côté antérieur fortement développé, soutenu par une charnière rectiligne qui est longue de 34 mm. est pourvu de dents latérales obliques qui disparaissent vers le centre, la région ligamentaire est sculptée de sillons ondulés très accentués.

De petits échantillons, ayant 32 mm. sur 18 mm., ont le bord palléal légèrement ondué et le côté antérieur sinueux, d'autres plus petits encore, provenant d'Aguas Santas, concordent avec la variété *minor* de Fontannes et sont bien peu éloignés des jeunes de l'*A. turonensis* Dujardin.

Un certain nombre de variétés sont à retenir:
Var. *Arquatorensis* De Gregorio, bord ventral très sinueux.
Var. *altior* Sacco (pl. VI, fig. 1 *a, b*). Forme plus haute relativement à sa largeur.
Var. *minor* Fontannes (Sacco, pl. VI, fig. 2–4). Forme petite, subrectangulaire.
Var. *subaviculoides* Sacco (pl. VI, fig. 5). Côté postérieur très atténué, côté antérieur bien développé.

L'*Arca Darwini* Mayer, figurée par Mr. Sacco, n'en est pas fort éloignée, elle s'en distingue comme plus haute et moins transverse, avec les crochets plus forts et plus renflés; Mr. Cerulli-Irelli semble avoir figuré des passages (pl. VII, fig. 17–18), la distribution géologique est la même.

L'extension de cette espèce paraît fort limitée. On la connaît du Tortonien, du Plaisancien et de l'Astien de l'Italie et du bassin méditerranéen (Plaisancien d'Algérie et du Maroc); mais nous n'avons plus rien d'analogue dans les mers d'Europe, c'est une espèce qui s'est éteinte avant le Pleistocène, et qui est caractéristique surtout du niveau de Castelarquato, c'est-à-dire du Plaisancien.

Localité.—Aguas Santas, Nadadoiro.

PECTUNCULUS COR Lamarck

Pl. VI, fig. 1, 2 et 4

1805. *Pectunculus cor* LAMARCK, Ann. du Museum, VI. p. 217 (fossile du Bordelais).
1814. *Arca insubrica* BROCCHI, Conch. foss. subap., II, p. 492, pl. XI, fig. 10.
1819. *Pectunculus violacescens* LAMARCK, Anim. sans vert., t. VI, p. 52 (vivant).
1819. — *zonalis* LAMARCK, Id., VI. p. 52 (vivant).
1819. — *transversus* LAMARCK, Id., VI, p. 55 (foss. plioc.).
1826. — *violacescens* Lam. PAYRAUDEAU, Mollusques de Corse, p. 63, pl. II, fig. 1.
1841. — — Lam. DELESSERT, Recueil des Coquilles de Lamarck, pl. XII, fig. 2.
1867. — *insubricus* Lam. WEINKAUFF, Conch. des Mittelm., I, p. 187.
1868. — *violacescens* Lam. MAYER-EYMAR, Catal. Moll. Tert. Zurich, III, p. 106.
1870. — *Gaditanus* HIDALGO (*non* Gmelin), Mol. marin. España, p. 134, pl. LXXIII, fig. 2 et 3.
1874. — *Cor* Lam. BENOIST, Catal. synon. Testacés La Brède, p. 62.
1882. — *insubricus* Br. FONTANNES, Moll. plioc. Vallée Rhône, II, p. 175, pl. XI, fig. 3.
1891. — *violacescens* Lam. B.D.D., Moll. mar. Roussillon, II, p. 205, pl. XXXVI, fig. 1-4.
1893. — *insubricus* Br. D. PANTANELLI, Lamellib. plioc., p. 133.
1898. *Axinea insubrica* Br. SACCO, 1 Moll. Terr. Terz. Piem., Part. XXVI, p. 33, pl. VIII, fig. 11-21.
1899. *Pectunculus insubricus* Br. R. UGOLINI, Bull. Mal. Ital., XX, p. 138.
1901. — *violacescens* Lam. DOLLFUS et DAUTZENBERG, Nouv. liste Pélécyp. Mioc. Loire, Jour. Conch., vol. XLIX, p. 37.
1903. — *insubricus* Br. G. DOLLFUS, Faune du Rédonien de Rennes, As. Fr. Av. Sc. Angers, p. 659.
1903. — — Br. DOLLFUS, COTTER et GOMES, Moll. Tert. Portugal, Planches Costa XXI, fig. 8-10.
1907. — — Br. DAUTZENBERG et DE LAMOTHE, Marnes plaisanc. d'Alger. Soc. Géol., VII, p. 498.
1907. — — Br. CERELLI-IRELLI, Fauna malac. Mariana, p. 57, pl. IX, fig. 1-9.
1909. — *cor* Lam. G. DOLLFUS, Étude critique coquilles Bordelais. Soc. Linn., LXII, p. 13, pl. III fig. 7-14, pl. IV, fig. 1-9.

Testa oblique cordata, tumida, subinaequilatera; sulcis longitudinalibus distinctiusculis; umbonibus subturgidis. (Lamarck, 1819).

Testa inflata inaequilatera, striis subtilissimis longitudinalibus exarata, natibus incurvis prominentibus; latere antico depresso; area cordiformi glabra notato. (Brocchi).

Les formes vivantes et fossiles de cette espèce sont restées si longtemps en possession d'une nomenclature différente que Mr. de Monterosato paraît désireux de conserver deux noms, même après avoir constaté l'indiscutable identité des formes. Nous avons hésité longtemps à accepter la réunion du *P. cor* au *P. violacescens* et au *P. insubricus* proposée par les auteurs italiens, et jusqu'au moment où nous avons pu recueillir à Bordeaux et à Asti une série suffisamment nombreuse.

C'est que la figure de Brocchi ne représente qu'un cas particulier, qu'elle n'est nullement expressive, et que la diagnose n'est pas claire.

La figure de Brocchi, qui est la plus ancienne et qu'on doit considérer comme typique est un peu oblique, Mr. Sacco qui a donné une photographie de l'échantillon original (pl. VIII, fig. 11) nous montre une forme aussi haute que large ayant 50 mm. dans les deux diamètres. Tandis que Lamarck a eu en vue une forme transverse que Delessert a figurée après lui et qui mesure 57 mm. de diamètre transversal sur 50 mm. de hauteur. Mais il existe des passages entre ces dimensions et même on rencontre des échantillons plus obliques et d'autres plus transverses que ceux qui ont été tout d'abord décrits. Nous classons les variétés comme suit:

Var. *obliqua* Rayneval et Ponzi (Catal. foss. Monte Mario, 1854), Lam., var *b.*, figurée in *Moll. du Roussillon* (pl. XXXVI, fig. 5) hauteur 37 mm., largeur 43 mm., figure de Brocchi et de Sacco (pl. VIII, fig. 11 *a, b*).

Var. *zonalis* Lamarck. Forme arrondie, ni oblique ni transverse. *Moll. du Roussillon* (pl. XXXVI, fig. 6-7).

Var. *transversa* Lamarck, bonne description qui ne laisse pas de doute. Sacco (pl. IX, fig. 1-2).

Var. *rhomboidea* Borson, 1823, (pl. IV, fig. 2). Échantillon à aire ligamentaire très grande, fortement sillonnée, Sacco (pl. IX, fig. 4-6). Forme lourde qui paraît devoir reprendre le nom de var. *nudicardo*, Lam.

Il y a encore une var. *subalpina* Fontannes, forme obronde, robuste, qui paraît plus voisine du *P. inflatus* Br. et sur laquelle nous ne sommes pas fixés.

Mr. Cerulli-Irelli ajoute encore la var. *Romulea* Brocchi, fondée sur des exemplaires subelliptiques spathisés.

Il faut écarter complètement la référence de Goldfuss qui représente une espèce de l'Oligocène de la Hesse, ainsi que le rapprochement avec le *P. inflatus* Br. proposé par Mr. Ugolini.

Nous n'avons qu'un échantillon provenant de Aguas Santas, pl. VI, fig. 1, mais il est bien caractérisé; il mesure: hauteur 45 mm., diamètre antéro-postérieur 50 mm.; le test est peu épais, la charnière en anse de panier, les dents subhorizontales, l'aire ligamentaire transverse, sillonnée obliquement, La forme générale est subcarrée, bombée, transverse, les épaules sont hautes, le crochet assez fort; les côtés rayonnantes sont très espacées et peu visibles, quelques lignes concentriques d'accroissement sont irrégulièrement disposées, cependant elles déterminent dans le jeune âge, vers le crochet, une région régulièrement quadrillée, mieux visible à la loupe; quelques traces de bandes d'ancienne coloration sont visibles. Quelques autres spécimens de Monte-Real sont de plus petite taille et de moins bonne conservation, pl. VI, fig. 2 et 4.

Le *Pectunculus cor* paraît débuter dans le Miocène de l'Italie, de la Loire, etc. Il est bien représenté dans le bassin de Bordeaux et il y a été décrit par Lamarck dès 1805, nous en avons donné récemment une étude critique toute spéciale. Il se propage dans le Pliocène, le Pleistocène et la Méditerranée actuelle; dans l'Atlantique on le connaît du Maroc, des Iles de Cap-Vert, du Portugal et il remonte jusque dans le Golfe de Gascogne. Il n'apparaît pas dans les dépôts Pliocènes du Nord. Les échantillons de Cacella se rapportent au type même de Brocchi et non pas à la variété *transversa*.

Son habitat est dans les fonds vaseux littoraux et il ne descend qu'à une profondeur des plus médiocres.

Localité. — Aguas Santas, Monte-Real.

PECTUNCULUS GLYCYMERIS Linné sp. (ARCA)

Pl. V, fig. 24 à 28 et pl. VI, fig. 3

1767. *Arca glycymeris* Linné, Syst. Nat., xii, p. 1143.
1777. — — Lin. Pennant, British Zool , iv, p. 98, pl. LVIII, fig. 58.
1804. — — Lin. Maton et Rackett, Catal. of Brit. Test., p. 93, pl. III, fig. 3 et 4.
1819. *Pectunculus glycymeris* Lin. Lamarck (pars), Anim. sans vert., t. vi, p. 49.
1822. — — Lin. Turton, Dithyra Brit., p. 171, pl. XII, fig. 1, 2, 3, 4, 5 et 6.
1824. — *variabilis* Sowerby, Miner. Conch., pl. CDLXXI (4 figures).
1835. — *pilosus* Deshayes (*non* Linné), Traité Élém. Conch., pl. XXXIV, fig. 23 et 24.
1851. — *glycymeris* Lin. Wood (pars), Crag Moll., ii, p. 66, pl. IX, fig. 1.
1859. — — Lin. Sowerby, Illust. Index Brit. Shells. pl. VIII, fig. 13.
1868. — — Lin. Mayer-Eymar (pars), Catal. Foss. Tert. Musée Zurich, iii, p. 112.
1870. — — Lin. Hidalgo, Mol. marin. España, p. 133, pl. LXXII, fig. 8.
1874. — — Lin. Wood, Crag Moll., Suppl., i, p. 116.
1878. — — Lin. Nyst, Conch. Terr. Tert. Belgique, iii, Scaldisien, p. 166, pl. XVII, fig. 8 *a–g*
1891. — — Lin. B.D.D., Moll. mar. Roussillon, ii, p. 195, pl. XXXIV, fig. 1–4.
1892. — — Lin. Monterosato, Nota intorno ai Pectunculus dei mari Europa, p. 2, Natural.
                Siciliano xi.
1905. — — Lin. G. Dollfus, Faune Malac. Mioc. sup. Gourbesville, Ass. Fr. Av. Sc., p. 365.
1907. — — Lin. Cerulli-Irelli, Faune Malac. Mariana, p. 54, pl. VII, fig. 2–3.
1907. — *pilosus* Lin. Cerulli-Irelli, Faune Malac. Mariana, p. 54, pl. VII, fig. 4–6.

Testa suborbiculata gibba substriata, natibus incurvis, margine crenato. Habitat ad insulam Garnsey (Lister, p. 247, fig. 82, *Chama glycymeris*); *inque O. Africano.* Linné.

Testa suborbiculata aequilatera pilosa, natibus incurvis, margine crenato (Gualtieri, pl. LXXIII, fig. A, *Nux pilosa*). *Habitat in mare Mediterraneo. Simillima A. glycymeri. Sed testa perfecte regularis et extus tota limbo holocerici veluti instar pilosa; intus alba; A. Glycymeris vero parum irregularis est.* Linné.

Le type, la nomenclature, les limites de cette espèce, ont beaucoup exercé la sagacité des naturalistes.

Nous avons établi ailleurs que le type était le *Pectunculus* de Guernesey dans les iles anglo-normandes, figuré par Belon dès 1555 (*Jour. Conch.*, lii, p. 109), sous le nom de *Chama glycymeris*, et qu'il y avait lieu de rejeter l'appellation générique de *Glycymeris* proposée par Mr. Dall et de conserver le G. *Pectunculus*.

D'autre part est-ce réelement une espèce différente du *P. pilosus* de Linné? La distinction est certainement délicate. Mr. de Monterosato qui a beaucoup étudié la question des *Pectunculus* vivants des mers d'Europe, dans une note critique des travaux de Mr. de Gregorio, dit que le *P. glycymeris* est une espèce purement atlantique, et qu'on l'a confondu dans le bassin méditerranéen avec des exemplaires jeunes du *P. bimaculatus* de Poli. Au fond la distinction faite par Linné réside principalement dans la présence d'un épiderme velu chez le *P. pilosus,* mais on a reconnu depuis qu'il existait dans les deux cas; la distinction tirée de la forme «parfaitement régulière» est bien faible aussi, puisque Linné ajoute que le *P. glycymeris* est lui-même «bien peu irrégulier». Il n'y a rien de précis dans tout cela.

Mr. Dante Pantanelli qui de son côté a examiné avec soin les exemplaires fossiles (*Lamellib. Plioc.,* 1893), admet le *P. glycymeris* comme espèce du Pliocène méditerranéen et réunit le *P. bimaculatus* au *P. pilosus.* Mr. Sacco n'admet pas le *P. glycymeris* dans le Tertiaire du Piémont et considère seulement le *P. pilosus,* avec le *P. bimaculatus* comme espèce distincte. Mr. Ugolini réunit sans discussion le *P. pilosus* au *P. glycymeris* et une partie du *P. bimaculatus* de Sacco, mais a-t-il bien connu le vrai *P. glycymeris?*

Nous ne pouvons traiter ici cette question à fond, nous nous sommes depuis longtemps ralliés à Forbes et Hanley qui ont réuni les deux formes Linnéennes, notre dernière opinion est que le *P. pilosus* n'est qu'une variété méridionale du *P. glycymeris;* il nous suffira de dire que les échantillons du Pliocène du Portugal se rapportent en majorité au vrai *P. glycymeris* de l'Atlantique et que certains échantillons très âgés sont conformes également à une variété très robuste du *P. glycymeris* trouvée à Brest et que nous avons désignée autrefois sous le nom de var. *Bavayi* et qui confine au *P. pilosus.*

Dans la belle série de Nadadoiro que nous avons sous les yeux, pl. V, fig. 27–28, la forme normale nous apparaît comme une espèce *bien orbiculaire* ayant 57 mm. par exemple, dans ses deux diamètres, peu bombée, à crochets petits, à épaules tombantes, couverte de stries rayonnantes bien visibles et bien espacées, nombreuses, qui s'effacent sur les côtés, subéquilatérale, équivalve, les lignes d'accroissement sont de plus en plus serrées en s'approchant du bord palléal, et sensiblement plus visibles sur les côtés.

Le bord interne est bien crénelé au pourtour et jusqu'à la hauteur des charnières, la charnière bien arquée est pourvue de dents continues quelquefois très faibles dans la région centrale; l'aire ligamentaire triangulaire est presque lisse; la dépression palléale très nette; les impressions musculaires élevées, ovalaires, symétriques. à la hauteur des dernières dents de la charnière. Quelques zones concentriques plus foncées, traces d'une ancienne coloration, s'observent sur de nombreux échantillons.

Nous avons quelques échantillons plus grands, très épais, très vieux, ayant jusqu'à 78 mm. dans les deux sens dans lesquels les stries concentriques d'accroissement deviennent extrêmement nombreuses et serrées, pl. V, fig. 24, l'aire ligamentaire s'accroît au détriment de la région dentaire, les petites dents perpendiculaires centrales sont même entièrement recouvertes, pl. V, fig. 26, cette forme ne manque pas d'analogie avec le *P. pilosus,* c'est la var. *Bavayi* B.D.D. *Moll. Roussillon,* pl. XXXIV, fig. 5 et 6, concordante aussi avec la figure de Wood, pl. IX, fig. 1 *a, b, c;* nous avons également la var. *elongata* Wood, fig. 1 *d.* Puis nous avons des échantillons plus larges que hauts: var. *transversa* Nyst, pl. XVII, fig. 8 *a, e, f, g* (non Wood), mesurant soit 35 mm. sur 31 de hauteur, soit 28 mm. de diamètre transversal sur 25 mm. de haut. D'autres sont nettement obliques, à charnière subtrigone, principalement d'Aguas Santas, correspondant à la var. *subobliqua* Wood (Ann. Mag. N.H.), 1840, pl. IX, fig. 8 *i, h;* la même variété est figurée par Nyst, pl. XVII, fig. 8 *b, c.* Enfin dans les exemplaires très jeunes (7 mm.) l'appareil ligamentaire est extrêmement réduit, les dents continues, la forme est bien orbiculaire, pl. VI, fig. 3, l'aspect extérieur est lisse, et on distingue seulement à la loupe des stries très fines.

L'habitat actuel du *P. glycymeris* typique est dans l'Atlantique, depuis les côtes de Norvége jusqu'aux Canaries et à Madère, où il vit dans le sable à une profondeur médiocre et jusqu'à une centaine de mètres; il est abondant dans le Red Crag d'Angleterre et dans le Scaldisien d'Anvers, dans les dépôts Rédoniens de Gourbesville (Manche), et de la Loire inférieure. On ne l'a trouvé authentiquement dans la Méditerranée que dans les dépôts Pleistocènes de Montepelegrino, de Sciacca, de Ficarazzi et Gravina, sa présence n'est pas certaine au Monte-Mario.

Localités.—Aguas Santas, Negreiro, Nadadoiro, Selir, Monte Real.

Famille XXI—NUCULIDAE

NUCULA NUCLEUS Linné sp. (ARCA)

Pl. VII, fig. 15 et 16

1766. *Arca nucleus* LINNÉ, Syst. Nat., XII, p. 1143.
1784. — — Lin. CHEMNITZ, Conch. Cab., VII, p. 241, pl. LVIII, fig. 574.
1819. *Nucula margaritacea* LAMARCK, Anim. sans vert., t. VI, p. 59.
1834. — — Lam. GOLDFUSS, Petref. Germ., II, p. 158, pl. CXXV, fig. 21.
1836. — *nucleus* Lin. PHILIPPI, Enum. Moll. Siciliae, I, p. 64, pl. V, fig. 8.
1850. — — Lin. WOOD, Crag Moll., II, p. 85, pl. X, fig. 6.
1853. — *margaritacea* Lam. DESHAYES, Traité Élém. de Conch., II, p. 308, pl. XXXIV, fig. 11-13.
1859. — *nitida* SOWERBY, Illust. Index Brit. Shells, pl. VIII, fig. 4.
1867. — *nucleus* Lin. WEINKAUFF, Conch. des Mittelm., I, p. 204.
1870. — — Lin. HOERNES, Foss. Moll. Wien, II, p. 297, pl. XXXVIII, fig. 2 *a–f*.
1870. — — Lin. HIDALGO, Mol. marin. España, p. 137, pl. LXXII, fig. 5 et 6 (*N. radiata*).
1875. — — Lin. BELLARDI, Monog. Nuculidi Terz. Piemonte, p. 8.
1877. — — Lin. SEGUENZA, Nuculidi Terz. Prov. Merd. Ital., p. 5.
1891. — — Lin. B.D.D., Moll. mar. Roussillon, II, p. 210, pl. XXXVII, fig. 15-21 type, fig. 22-25 var.
1898. — — Lin. ALMERA et BOFILL, Mol. Plioc. Catal., p. 127.
1898. — *nitida* Sow. ALMERA et BOFILL, Id., p. 127.
1898. — *nucleus* Lin. SACCO, I Moll. Terr. Terz. Piem., part. XXVI, p. 44, pl. X, fig. 21-27.
1898. — *nitida* Sow. SACCO, Id., p. 47, pl. XI, fig. 5 et 6.
1901. — *nucleus* Lin. DOLLFUS et DAUTZENBERG, Nouvelle liste Péléc. Mioc. Loire, p. 38.
1903. — *Degrangei* PEYROT, Quelques Coq. Fal. Touraine, Feuilles Jeun. Natur., p. 10, pl. III, fig. 9 et 10.
1904. — *nucleus* Lin. DOLLFUS, COTTER et GOMES, Moll. Tert. Portugal, pl. XXI, fig. 1 et 2; var. *nitida* Sow.
1905. — — Lin. G. DOLLFUS, Faune Malac. Mioc. Gourbesville, Ass. Fr. Av. Sc. Cherbourg, p. 365.
1907. — — Lin. CERULLI-IRELLI, Faune Malac. Mariana p. 64, pl. IX, fig. 22-29.

Testa oblique ovata, laeviuscula, natibus incurvis, margine crenulato, cardine arcuato. — Habitat in Europa.— Testa magnitudine avellanae. Inter nates rima triangularis erecta. (Linné).

La définition de Linné est tout à fait insuffisante, la taille indiquée est trop grande, et comme elle n'est accompagnée d'aucun renvoi à une figure, elle serait restée lettre morte, si Chemnitz, peu d'années après n'en avait fixé la signification. Il s'agit de la forme moyenne des mers d'Europe, longueur 13 mm., hauteur 11 mm., si commune que nous n'avons pas à nous y arrêter longuement. Quelques variations ont été signalées qu'on peut classer sommairement.

Var. *nitida* Sowerby, 1841, *Conch. Illustrations*, n° 29, fig. 31. Forme plus petite, comprimée, plus transverse, lunule moins profonde, côté postérieur subanguleux.

Var. *radiata* Forbes et Hanley, 1853, *British Mollusca* (Pl. XLVII, fig. 4–5). Forme oblique, oblongue, côté postérieur bien développé = var. *obliqua* Monterosato. Considérée par quelques auteurs comme une espèce spéciale.

Var. *Borsoni* Bellardi. Sacco, *I Moll. Terr. Terz. Piem.* (pl. X, fig. 30–32). Forme franchement triangulaire, angle apical moins ouvert.

Il est possible que la grande *Nucula placentina* ne soit qu'une variété de la *Nucula nucleus* en passant par le *N. Mayeri* Hoernes.

La *N. laevigata* J. Sowerby est une espèce assez grande, ovale, nettement couchée, à charnière latérale antérieure. Comparez Nyst., *Conchy. Terr. Tert.*, III, pl. XVIII, la fig. 1 (*laevigata*) et fig. 2 (*nucleus*). La *N. trigonula* Wood est plus haute en proportion, et offre des crénelures marginales extrèmement fines. Mr. Cerulli-Irelli considère le *N. apenninica* Bellardi comme une simple variété du Miocène, les caractéres distinctifs dans ce groupe restent très difficiles à établir.

Les échantillons de Nadadoiro sont petits, ils ont 11 mm. de longueur sur 9 mm. de hauteur, ils sont franchement trigones, l'angle apical est aigu, le bord postérieur très faiblement courbé, le bord antérieur légèrement concave et bref; le bord palléal a une longue courbe bien convexe. Ce sont de très petits échantillons, mais fort voisins du type.

On y remarque de fines stries rayonnantes, visibles plus ou moins selon le mode de conservation du test et qui se retrouvent chez la plupart des *Nucula* n'ayant rien de caractéristique.

La distribution dans l'espace et dans le temps est fort peu significative chez cette espèce. Nous la voyons répandue dans le Miocène de toute l'Europe, au Nord comme au Midi. Elle se présente dans les divers étages du Pliocène sur la même étendue, ainsi que dans le Pleistocène, et cette distribution est la même encore à l'époque actuelle, elle est signalée depuis les côtes de la Norvège jusqu'au Maroc, dans toute la Méditerranée; aussi bien dans les fonds sableux que dans ceux vaseux, et de 5 à 250 mètres de profondeur. La bibliographie est terriblement étendue, Bellardi en a relevé plusieurs pages sans la donner au complet.

Localités.—Nadadoiro, Monte-Real.

LEDA FRAGILIS Chemnitz sp. (ARCA)

Pl. VI, fig. 23 à 26

1784. *Arca fragilis* CHEMNITZ, Conch. Cab., VII, p. 199, pl. LV, fig. 546.
1814.   — *minuta* BROCCHI (*non* Fabricius), Conch. foss. subap., II, p. 482, pl. XI, fig. 4 (*tantum*).
1826. *Lembulus deltoideus* RISSO (*non* Lamarck), Hist. Nat. Europe Méridionale, IV, p. 320, pl. XI, fig. 164.
1831. *Nucula striata* BRONN (*non* Lamarck), Ital. Tertiargeb., p. 110.
1840.   — *minuta* GOLDFUSS (*non* Brocchi), Petref. Germ., II, p. 158, pl. CXXV, fig. 22.
1853.   — *acuminata* EICHWALD (*non* Lamarck), Lethaea Rossica, III, p. 72. pl. IV, fig. 13 et 14.
1865. *Leda fragilis* Chem. HOERNES, Foss. Moll. Wien., II, p. 307, pl. XXXVIII, fig. 8.
1865.   — *nitida* HOERNES (*non* Brocchi), Id., II, p. 308, pl. XXXVIII, fig. 9.
1867.   — *commutata* Phil. WEINKAUFF, Conch. des Mitelm., I, p. 207.
1875.   —   — Phil. BELLARDI, Monog. Nucul. Terz. Piem., p. 17.
1875.   — *consanguinea* BELLARDI, Id., p. 19, fig. 11.
1875.   — *Bonelli* BELLARDI, Id., p. 19, fig. 12.
1877.   — *commutata* Phil. SEGUENZA, Nuculide Terz. Prov. Merid. Italia, p. 12.
1881.   —   — Phil. FONTANNES, Moll. Plioc. Rhône, II, p. 181, pl. XI, fig. 6 et 7.
1891.   — *fragilis* Chem. B.D.D., Moll. mar. Roussillon, II, p. 215, pl. XXXVII, fig. 26–31.
1898. *Ledina fragilis* Chem. SACCO, I Moll. Terr. Terz. Piem., part. XXVI, p. 53, pl. XI, fig. 41–43 (type).
1898. *Leda fragilis* Chem. ALMERA et BOFILL, Mol. Plio. Cataluña, p. 127, var. *lirata*, pl. XIII, fig. 3.
1904.   —   — Chem. DOLLFUS et DAUTZENBERG, Nouv. liste Pélécyp. mioc. Loire, p. 39.
1903.   —   — Chem. DOLLFUS, COTTER et GOMES, Moll. Tert. Portugal, p. 53, pl. XXI, fig. 6 et 7, var. *deltoidea* Risso.
1905.   —   — Chem. G. DOLLFUS, Faune Malac. Gourbesville, Ass. Fr. Av. Sc. Cherbourg, p. 365.
1907.   —   — Chem. CERULLI-IRELLI, Faune Malac. Mariana, p. 65, pl. IX, fig. 49–51, pl. X, fig. 1–5.
1907.   —   — Chem. DAUTZENBERG et DE LAMOTHE, Marnes Plaisanc. d'Alger, Bull. Soc. Géol., t. VII, p. 498.

Testa parva, triangulari, ovata, transversim subtilissime striata, cardinis denticulis valde acutis. (Chemnitz). Méditerranée, non *Arca pella* Linné.

La figure de Chemnitz, long. 15 mm., haut. 10 mm., ne concorde pas avec sa description, elle montre des côtes transversales assez fortes et distinctes qui ne sont point *subtilissime;* il n'y a aucun inconvénient donc à prendre pour typique les figures de Sacco (pl. XI, fig. 41–43), mais il y a lieu d'admettre toute une série de variétés qui ont propagé en partie toute une série d'erreurs de nomenclature qui ont rendu si pénible le dégagement du nom véritable à adopter conformément aux règles de la nomenclature.

Var. *deltoidea* Risso (Sacco, pl. XI, fig. 44 et 45). Forme bien transverse, stries plus nombreuses et plus serrées que le type, = var. *consanguinea* Bellardi (fig. 11), = var. *Castelbianensis* Seguenza (pl. II, fig. 9 *a*), = var. *depressa* Monterosato.

Var. *Bonelli* Bellardi (fig. 12). Forme grande, haute, trigone, stries très fines et nombreuses (Sacco, pl. XI, fig. 48-51), (*Moll. du Roussillon*, pl. XXXVII, fig. 26-31).

Var. *sublaevis* Bellardi (fig. 10). Surface ornée seulement de quelques stries concentriques distantes (Sacco, pl. XI, fig. 46 et 47). Considérée par son auteur comme espèce distincte.

Var. *inflata* Seguenza (pl. II, fig. 9 *b*) = *turgida* Monterosato. Forme courte, renflée, à côtes espacées; (Fontannes, pl. XI, fig. 6 et 7).

Var. *Seguenzai* Bellardi (fig. 13). Petite espèce, ornements en partie caduques, demi-lisse.

Var. *lirata* Almera et Bofill (pl. XIII, fig. 3). Coquille petite, subéquilaterale, côtes épaisses, au nombre de dix environ, bord palléal moins arqué.

La variété *lamellosa* Seguenza paraît devoir se confondre avec le type.

Nous avons d'Aguas Santas, pl. VI, fig. 23 et 24, des échantillons qui paraissent devoir se confondre avec *le type,* larg. 6 mm., haut. 3 mm., forme ovale, transverse, bord palléal en une grande courbe elliptique, côté antérieur anguleux un peu concave, sinuosité forte, côté postérieur arrondi, convexe, sur lequel on distingue un angle très obtus, 21 côtes environ espacées et régulièrement concentriques.

De Nadadoiro nous avons des échantillons, pl. VI, fig. 25 et 26, qui se classent dans la variété *deltoidea* Risso, longueur 4 mm., hauteur 2 mm. Coquille ovale, transverse, bord palléal long très courbe, côté antérieur droit et rostré, nettement sinueux, côté postérieur bien arrondi, ondulation peu accusée; 25 côtes très rapprochés et régulières.

L'origine Aquitanienne est douteuse, le *Leda fragilis* est connu dans le Miocène Atlantique de la Loire et de la Gironde, dans celui de la Méditerranée avec tous ses prolongements en Autriche.

Dans le Plaisancien, il est très commun en Italie, et dans tout le Pliocène inférieur de la Méditerrannée, il se poursuit dans l'Astien et le Pleistocène de la même région. Dans les mers actuelles l'habitat principal est la Méditerrannée, mais on le signale également du Portugal et du Maroc, la profondeur peut aller de 10 mètres à 200 mètres et plus.

Localités. — Aguas Santas, Nadadoiro.

LEDA PELLA Linné sp. (ARCA)

PL. VI, fig. 19 à 22

1767. *Arca pella* Linné, Syst. Nat., xii, p. 1141.
1795. — *interrupta* Poli, Test. utriu. Siciliae, ii, p. 136, pl. XXV, fig. 4 et 5.
1814. — *pella* Lin. Brocchi, Conch. foss. subap., ii, p. 481, pl. XI, fig. 5.
1819. *Nucula emarginata* Lamarck, Anim. sans vert., t. vi, p. 60.
1826. *Lembulus Rossianus* Risso, Descrip. Europe Mérid., iv, p. 320, pl. XI, fig. 166.
1831. *Nucula emarginata* Lam. Bronn, Ital. Tertiargeb., p. 111.
1850. *Leda pella* Lin. Deshayes, Traité Élém. Conch., ii, p. 287, pl. XXXIV, fig. 8-10.
1853. — *interrupta* Poli, Bronn, Lethaea Geognostica, Ed. iii, p. 373, pl. XXXIX, fig. 6.
1865. — *pella* Lin. Hoernes, Foss. Moll. Wien, ii, p. 305, pl. XXXVIII, fig. 7.
1867. — — Lin. Weinkauff, Conch. des Mittelm., i, p. 209.
1870. — — Lin. Hidalgo, Mol. marin. España, pl. LXXIV, fig. 9 et 10.
1875. — — Lin. Bellardi, Monog. Nuculidi Terz. Piem., p. 15 (bibliographie).
1877. — — Lin. Seguenza, Nuculidi Terz. Ital. Merid., p. 11.
1891. — –- Lin. B.D.D., Moll. mar. Roussillon, ii, p. 218, pl. XXXVII, fig. 32-35.
1898. *Lembulus pella* Lin. Sacco, I Moll. Terr. Terz. Piem., part. xxvi, p. 52, pl. XI, fig. 32 et 33.
1898. *Leda pella* Lin. Almera et Bofill, Mol. Plioc. Cataluña, p. 128.
1901. — — Lin. Dollfus et Dautzenberg, Nouv. liste Pélécyp. Mioc. Loire, p. 39.
1904. — — Lin. Dollfus, Cotter et Gomes, Moll. Tert. Portugal, pl. XXI, fig. 4 et 5.
1905. — — Lin. G. Dollfus, Faune Malac. Gourbesville, Ass. Fr. Av. Sc. Cherbourg, p. 365.
1907. — — Dautzenberg et De Lamothe, Marnes plaisanc. d'Alger, Bull. Soc. Géol., vii, p. 498.
1907. — — Lin. Cerulli-Irelli, Fauna Malac. Mariana, p. 66, pl. X, fig. 7-10.

Testa ovata pellucida substriata; valva prominente distincta, margine integerrimo, cardine ciliari — Mare Mediterraneo — Testa magnitudine seminis heliante annui, alba, pellucida, oblique striata, nitidissima. (Linné).

Le type Linnéen dépourvu de figuration a été mal compris à l'origine, Chemnitz, Gmelin, Lamarck, Poli s'y sont trompés, mais l'espèce a été reconnue par Brocchi en 1814 qui en a donné une figure très passable.

Nous avons plusieurs échantillons d'Aguas Santas. Les uns d'une longueur de 6 mm. sur 2 1/2 à 3 mm. de hauteur, ont une forme ovale transverse, bombée, bord palléal long et courbe, côté antérieur pourvu d'une double carène, côté postérieur bien arrondi. Surface ornée de stries obliques, fines, distantes, parfois un peu ondulées qui transversent toute la surface, étant un peu déviées sur le plan antérieur. On compte à la charnière dix dentelons chevronnés de taille décroissante du côté postérieur et treize dentelons du côté antérieur.

Un autre échantillon malheureusement incomplet, devait avoir 13 mm. de long sur 8 de haut, assez solide, bombé, à carène et à ornementation bien accusées, il est pourvu de stries concentriques d'accroissement délimitant des zones de coloration diverses encore bien visibles.

Cette taille se rapporte assez bien avec celle mentionnée par Linné et qui est celle de la graine des «Soleils» de nos jardins; Bellardi donne aussi au *Leda pella* Linné la dimension de 13 mm. sur 7 mm. Il s'ensuit que le *L. Rossianus* de Risso indiqué dans le texte, p. 320, comme mesurant 9 mm. de long et représenté dans la planche par un trait n'ayant que 7 mm. doit constituer le type d'une variété de taille sensiblement plus faible qu'il est utile de maintenir. Nous avons donc à Aguas Santas le type et la variété *Rossii* Risso.

Nous pensons qu'il faut encore rapporter à cette variété le *Yoldia Genei* Almera et Bofill (non Bellardi) *Moll. Foss. Plio. Catal.*, p. 129, pl. XII, fig. 3, du Plaisancien de l'Ampurdan.

Var. *anterotundata* Sacco (pl. XI, fig. 34-36). Forme arrondie, renflée, haute, carène peu accusée.

Nous avons récemment figuré du Miocène du Bordelais, sous le nom de *Leda undata* Defrance, une espèce très voisine comme forme et comme ornementation mais pourvue de gros plis concentriques arrondis, transverses.

Le *Leda pella* apparaît dans le Miocène moyen du Nord et du Midi, plus rare dans le Tortonien, (Cacella) il est fort abondant dans le Plaisancien du bassin Méditerranéen, il passe dans l'Astien et dans le Pleistocène général de la Méditerranée. Dans l'Atlantique son habitat actuel est limité aux côtes Lusitaniennes, il s'étend en profondeur de 4 à 250 mètres.

Localité.—Aguas Santas.

Famille **XXII—AVICULIDAE**

PERNA MAXILLATA Lamarck

1801. *Perna maxillata* LAMARCK, Syst. des Anim. sans vert., p. 134.
1814. *Ostrea maxillata* Lam. BROCCHI, Conch. foss. subap., II, p. 582.
1819. *Perna maxillata* LAMARCK, Anim. sans vert., VI, p. 142.
1836. — *Soldanii* Desh. LAMARCK, Id., 2ᵉ série, VII, p. 79.
1852. — *maxillata* Lam. D'ORBIGNY, Prod. de Paléont., III, Et. 26-2399, Et. 27-395.
1867. — *Soldani* Desh. HOERNES, Foss. Moll. Wien, II, p. 378, pl. LIII, fig. 1; pl. LIV, fig. 1.
1873. — *Sandbergeri* BENOIST (non Deshayes), Catal. Testacés fossiles Saucats, p. 68.
1874. — *Soldani* Desh. FORESTI, Catal. foss. plioc. Bologna, p. 44, pl. III, fig. 16 et 17.
1898. — *cf. maxillata* Lam. SACCO, I Moll. Terr. Terz. Piem., XXV, p. 26, pl. VII, fig. 1, type; fig. 2-6 var.
1904. — *Soldani* Desh. BERKELEY COTTER, Moll. Tert. du Portugal, Esquisse, p. 44 (Cacella).

Testa trigona, convexo-depressa, crassa; cardine latissimo, dentibus sulciformibus, numerosis praelongis exarato. (Lamarck).

La nomenclature de cette espèce nécessite bien de observations, c'est bien à tort que Deshayes a cru devoir attribuer le nom de Lamarck à une espèce américaine et créer le nom de *Perna Soldani* pour la forme italienne. Il est exact que Lamarck a confondu l'espèce d'Amérique avec celle d'Europe, car il dit dans son travail original «fossile trouvé dans la Virginie par le citoyen Beauvois, on le trouve aussi en Italie» (1801). Mais la figure à laquelle il renvoie (Knorr, 1750, Petrefact. T 2, DV, fig. 1–3) se rapporte à l'espèce italienne et le type réel est dès lors fixé. Les trois figures de Knorr qui occupent toute la planche, représentent parfaitement l'espèce qui faisait partie de la collection d'Annone, recueillie par le Prof. Monti et décrite par lui dans les *Acta Bononiensis*, vol. II, p. 71.

C'est donc avec raison que d'Orbigny a conservé le nom de *P. maxillata* à l'espèce européenne et crée le nom de *P. Conradi* pour celle d'Amérique. Ces deux espèces sont d'ailleurs voisines, mais nous n'admettons pas que ce soient seulement deux variétés d'une même forme comme le pense Mr. Sacco, mais nous sommes comme lui disposés à admettre qu'elles proviennent d'un ancêtre commun plus ancien, encore inconnu. L'espèce américaine a les crénelures dentaires bien plus larges, la forme est moins transverse et la charnière fort oblique relativement à l'axe. L'espèce de l'Oligocène du bassin de Mayence, figurée par Goldfuss sous le nom de *P. maxillata* a été reconnue comme différente par Deshayes (1864), qui lui a donné le nom de *P. Sandbergeri* Desh. abondamment figurée par Ludwig en 1865, mais c'est par erreur que Mr. Benoist a porté cette correction aux échantillons du Miocène du Bordelais.

Récemment Mr. Dall (*Tertiary Fauna of Florida*, 1898, part. IV, p. 665) a remplacé le nom de *Perna* Bruguière (Planches Encyclop. 175 et 176) 1789, Lamarck, 1799 et 1801, par le nom de *Melina*, Retzius, 1788, connu par Schumacher, Fischer, mais non adopté. Nous pouvons faire observer à cet égard que Bruguière n'a fait que reprendre le nom ancien de *Perna* (cuisse), d'après Rumphius, Favart, Gualtieri, Adanson, etc., d'antiquité tout à fait respectable, et que c'est par erreur que dans sa dissertation de la thèse de Phillipson, Retzius a employé le G. *Perna* dans le sens de Mytilus l'attribuant au *Mya perna* Linné, tandis que Bruguière l'a attribué par tradition à l'*Ostrea perna* Linné. Hanley nous apprend que dans un exemplaire corrigé du *Systema Naturae*, Linné a groupé sous le nom générique de *Perna* les quatre dernières espèces de son genre *Ostrea* et dans le sens de Bruguière.

S'il y avait d'ailleurs un nom plus ancien à chercher ce ne serait pas le G. *Melina* Retzius qui se présenterait, mais le G. *Isognomum* de Petiver, de Klein, Hebenstreit, presqu'aussi ancien que *Perna*.

Cette espèce intéressante, dont nous n'avons très malheureusement qu'un fragment de charnière de Negreiro, a des crénelures dentaires de 1,5 mm., séparées par des intervalles de 3,5 mm. Ces crénelures sont de dimension double dans les exemplaires américains, et de taille moitié moindre dans les spécimens Astiens d'Europe; ils rentrent dans la variété *lati canaliculata*, Sacco du Tortonien. Elle est signalée dans les dépôts Helvétiens du Bordelais, des Bouches du Rhône, de la Molasse suisse, des environs de Vienne, de Hongrie, d'Asie Mineure, et encore de la colline de Turin, de la Sardaigne et des Açores; de l'étage Tortonien, du Piémont, du Modenais, etc., du Plaisancien de la Haute-Italie, de l'Astien du Piémont, de la Sicile. Le genre et l'espèce ont d'ailleurs entièrement disparu de nos mers.

Peut-être quelque jour, quand on aura pu grouper des collections plus importantes, il faudra ériger en variété la forme Helvétienne qui présente quelques particularités qui la distinguent de la forme typique qui provient de l'Astien du Val d'Andona.

Localité.—Negreiro.

PINNA PECTINATA Linné

1767. *Pinna pectinata* Linné, Syst. Nat., xii, p. 1160.
1778. — *muricata* Da Costa (*non* Linné), Brit. Conch., p. 240, pl. XVI, fig. 3.
1795. — *rudis* Poli (*non* Linné), Test. utriu. Siciliae, ii, p. 226, pl. XXXIII, fig. 3.
1814. — *nobilis* Brocchi (*non* Linné), Conch. foss. subap., ii, p. 588.
1822. — *pectinata* Lin. Turton, Dithyra Brit., p. 223, pl. XIX, fig. 1.
1822. — *fragilis* Penn. Turton, Id., p. 222, pl. XX. fig. 2.
1822. — *ingens* Penn. Turton, Id., p. 221, pl. XX, fig. 1.
1822. — *papyracea* Turton, Id., p. 224, pl. XX, fig. 3.
1836. — *pectinata* Lin. Lamarck, Anim. sans vert., t. vii, p. 64.
1836. — *ingens* Penn. Lamarck, Id., t. vii, p. 66.
1838. — *affinis* Goldfuss (*non* J. Sowerby), Petref. Germ., p. 167, pl. CXXVIII, fig. 5.
1844. — *truncata* Philippi, Enum. Moll. Siciliae, ii, p. 54, pl. XVI, fig. 1.
1847. — *affinis* G. B. Sowerby (*non* James Sow.), Tertiary beds of the Tagus, Q. J. G. Soc., p. 413.
1851. — *pectinata* Lin. Wood, Crag Moll., ii, p. 50, pl. VIII, fig. 11.
1852. — *Brocchii* d'Orbigny, Prodrome de Paléont., iii, p. 125 et 185 (P. nobilis Br. *non* Lin.).
1859. — *truncata* Phil. Sowerby, Illust. Index Brit. Shells, pl. VIII, fig. 16 (typique).
1866. — *Brocchii* d'Orb. Hoernes, Foss. Moll. Wien, ii, p. 372, pl. L, fig. 1 et 2.
1867. — *pectinata* Lin. Weinkauff, Conch. des Mitelm., i, p. 232.
1873. — *Brocchii* d'Orb. Benoist, Catal. Testacés Saucats, Soc. Linn., p. 67.
1874. — *rudis* Wood (*non* Linné), Crag. Moll., Supp. i, p. 110, pl. IX, fig. 11.
1881. — *pectinata* Lin. Nyst, Conch. Terr. Tert. Belgique, Ann. Mus. Belgique, iii, p. 160, pl. XVI, fig. 2.
1881. — *Brocchii* d'Orb. Fontannes, Moll. Plioc. Rhône, ii, p. 146, pl. VII, fig. 21 et 22.
1890. — *pectinata* Lin. B.D.D., Moll. mar. Roussillon, ii, p. 118, pl. XXIII, fig. 1-3.
1893. — *Brocchii* d'Orb. D. Pantanelli, Lamellib. plioc., p. 105.
1898. — *pectinata* Lin. Sacco, I Moll. Terr. Terz. Piem., part. xxv, p. 29, pl. VIII, fig. 1.
1903. — — Lin. Berkeley Cotter, Moll. Tert. Portugal, Esquisse Géol., p. 18 (Helvétien).
1907. — — Lin. Cerulli-Irelli, Fauna Malac. Mariana, p. 36, pl. IV, fig. 15 (var. *Brocchii* d'Orb.).

Testa dimidia longitudinaliter striata, latere altero transverse subrugoso. (Linné).

Cette espèce a été longtemps méconnue, cependant ce n'est plus cette confusion inextricable dont se plaignait Philippi, mais le labeur est presque centenaire. La confusion parmi les fossiles remonte à Brocchi, qui avait mal interprété Linné et qui a été suivi par tous les auteurs sans vérification suffisante pendant quarante ans.

D'Orbigny lui a imposé un nom nouveau en 1852, plutôt par théorie que par étude, car il aurait pu remarquer qu'une autre des espèces vivantes créés par Linné correspondait à la forme fossile d'Italie. Parmi les auteurs s'occupant de coquilles vivantes, la première erreur remonte à Poli qui a confondu les deux espèces méditerranéens, elle s'est accrue dans Pennant, et dans Turton qui ont multiplié les espèces en se basant sur des caractères d'ordre secondaire inconstants. Nous avons développé ailleurs ces considérations sur les formes vivantes; Mr. Sacco attribue, non sans raison, ce long travail de reconnaissance à l'imperfection des spécimens fossiles, à la fragilité extrême de cette coquille, et nous ajouterons à la rareté des bonnes anciennes figurations.

Le type Linnéen n'est cependant pas difficile à établir, il est fondé sur une figure de Gualtieri, (pl. LXXIX *a*) qui est parfaitement acceptable, seule l'indication d'habitat, *Océan Indien,* est erronée.

La figure donnée par M. Cerulli-Irelli comme variété *Brocchii* nous paraît au contraire comme sensiblement typique, c'est la figure donnée dans les Mollusques du Roussillon, pl. XXIII, fig. 1, qui peut être considérée comme une variété fort élargie au bord palléal, peu plissée, à région byssale rétrécie.

Les spécimens de Nadadoiro sont assez fréquents et typiques, mais leur état de conservation laisse fort à desirer, les fragments de l'un d'entre eux nous permettant d'estimer la longueur à 20 cent. et la largeur maximum à 12 cent. Le sommet est étroit, la surface de chaque valve est divisée en deux aires presque égales par une carène très mousse qui s'efface vers le bord palléal. L'aire externe est ornée de plis courbes subconcentriques qui se réduisent parfois à des rides obliques, distantes, qui s'étendent jusqu'à l'aire interne, cette dernière ou côté postérieur est ornée de plis rayonnants, irréguliers, forts et serrés dans certains individus, arrondis et distants chez d'autres, parfois un peu squammeux et qui s'estompent à l'approche du bord palléal.

Le test nacré mince se délite en feuillets multiples.

Il n'y a aucune trace des squamules tuilées qui ornent la surface du *P. nobilis*.

Il faut laisser comme douteux le *P. subpectinata* Micht. du Miocène d'Italie complètement couverte de costules rayonnantes arrondies et nombreuses, c'est peut-être une espèce spéciale. De même il est nécessaire d'abandonner provisoirement le *P. tetragona* Br. malgré les éclaircissements donnés par Hoernes.

Nous relevons bon nombre de variétés:

Var. *angusta* Weink. (Sacco, pl. VIII, fig. 3). Forme étroite.

Var. *plioastensis* Sacco (pl. VIII, fig. 2). À côtes nombreuses.

Var. *ventroso plicata* Sacco (pl. VIII, fig. 4 et 5). Forme très élargie à plis grossiers.

Var. *Boschettensis* Fontannes. Plis antérieurs plus accentués, plus nombreux, plus serrés, costules rayonnantes plus nombreuses aussi, plus rapprochées.

Var. *Millasensis* Fontannes. Plis antérieurs fins, peu saillants.

Var. *laevis* Donovan. Sans plis ni presque de rayons.

Var. *spinulosa* B.D.D. Costules épineuses.

Le *P. pectinata* paraît débuter dans le Miocène, on le connaît dans l'Helvétien d'Autriche, de Hongrie, dans la Molasse Suisse, la colline de Turin, dans les environs de Lisbonne, le bassin de la Gironde, nous avons obtenu récemment un spécimen de Doué en Anjou. Plus rare dans le Tortonien, on le retrouve répandu dans tout le Plaisancien et Astien de la Méditerranée: Piémont, Italie centrale, Algérie; il est connu dans tout le Pliocène du Nord, en Angleterre et en Belgique. Il passe dans le Pleistocène des mêmes régions.

À l'état vivant l'espèce est commune depuis les côtes sud de l'Angleterre, jusqu'au Maroc et dans toute la Méditerranée, vivant à une profondeur médiocre attachée par son byssus à des rochers, des coraux ou des débris divers.

Localités.—Negreiro, Nadadoiro, Selir do Porto.

Famille XXIII—MYTILIDAE

MYTILUS GALLOPROVINCIALIS Lamarck

Pl. VIII, fig. 1 et 2

1766. *Mytilus ungulatus* Linné, Syst. Nat., xii, p. 1157 (pars).
1814. — *edulis* Brocchi, Conch. foss. subap., ii, p. 584 (*non* Linné).
1819. — *galloprovincialis* Lamarck, Anim. sans vert., t. vi, p. 126.
1826. — *hesperianus* Lam. Payraudeau, Moll. marins de la Corse, p. 68, pl. II, fig. 5.
1836. — *galloprovincialis* Lam. Philippi, Enum. Moll. Siciliae, i, p. 72, pl. V, fig. 12 et 13.
1848. — ‘ — Lam. Bronn, Index paleont., p. 772.
1859. — — Lam. Sowerby, Illust. Index Brit. Shells, pl. VII, fig. 20.
1870. — *edulis* Hidalgo, Mol. mar. España, pl. XXV, fig. 5 (*non* Linné).
1889. — *galloprovincialis* Lam. Locard, Revision esp. franc. genre *Mytilus,* p. 93, pl. V, fig. 2 (type).
1890. — — Lam. B.D.D., Moll. mar. Roussillon, ii, p. 133, pl. XXV, fig. 1-4 (type).
1891. — — Lam. Almera et Bofill, Costas de Garaff. (Cron. cientif.), p. 4, Pleistocène.
1893. — — Lam. Jousseaume, Foss. Isthme de Corinthe, Bull. Soc. Géol. Fr., xxi, p. 399.
1898. — — Lam. Sacco, I Moll. Terr. Terz. Piem., part. xxv, p. 33.
1904. — — Lam. Choffat et Dollfus, Cordons littoraux Pleist. Portugal, Bull. Soc. Géol. Fr., iv, p. 746.
1907. — — Lam. Cerulli-Irelli, Fauna Malac. Mariana, p. 37, pl. IV, fig. 16 (très rare).

Testa oblongo-ovali, superne dilatato-compressa; angulo anticali infero; postico latere basi tumidulo. (Lamarck).

Nous avons examiné autrefois avec soin la question de savoir si le *Mytilus galloprovincialis* était une espèce distincte du *M. edulis* Linné, ou seulement une variété, la solution ne paraît pas avoir été discutée depuis et nous continuons à considérer le *M. galloprovincialis* comme une forme méridionale parfaitement et utilement séparable de l'espèce Linnéenne.

Un certain nombre de variétés sont à noter, dont quelques-unes ont été considérées comme des espèces particulières.

Var. *herculea* B.D.D. (*Moll. Roussillon,* pl. XXV, fig. 5). Forme à peu près typique, mais dont les dimensions vont au double de la taille ordinaire qui est celle fixée par Lamarck.

Var. *dilatata* Phillipi (Sacco, pl. X, fig. 1). Forme trigone, très courte.

Var. *angustata* Phillipi (Sacco, pl. X, fig. 2). Forme étroite, la plus voisine de *M. edulis.*

Var. *acrocyrta* Locard (Sacco, pl. X, fig. 3). Forme longue, un peu étroite, cambrée au centre.

Var. *pelecina* Locard (*Révision G. Mytilus,* pl. IV, fig. 1). Forme courte, gryphoïde.

Var. *glaucina* Locard (*Révision G. Mytilus,* pl. V, fig. 1). Diffère à peine du type.

Var. *hesperiana* Lam. (Payraudeau, pl. II, fig. 5). Espèce allongée, subéquilatérale.

Nous avons de Nadadoiro, pl. VIII, fig. 2, un bon exemplaire mesurant 74 mm. de haut sur 39 mm. de large, concordant avec les dimensions données par Lamarck, et qui se rapporte bien à la figure des *Moll. Roussillon,* pl. XXV, fig. 5. Un autre échantillon, pl. VIII, fig. 1, qui mesure 56 mm. sur 30 mm. concorde avec la var. *acrocyrta* (*Moll. Roussillon,* pl. XXV, fig. 10-13).

On ne peut chercher la forme ancestrale du Miocène dans le *M. aquitanicus* Mayer, qui est une espèce couverte de stries fines, mais dans le *M. scaphoides* Bronn d'après Mr. Pantanelli. Notre espèce est considérée comme rare dans le Tortonien et le Plaisancien, ce qui provient seulement, peut-être, du faciès argileux profond sous lequel nous connaissons plus spécialement les riches localités typiques de ces étages. Elle est plus commune dans l'Astien, passe dans le Pleistocène et dans la Mer Méditerrannée actuelle ainsi que dans l'Atlantique lusitanien, elle cède la place vers le Nord au *M. edulis* et à ses variétés. On connaît son habitat purement littoral.

Localité. — Nadadoiro, Selir do Porto.

MODIOLA ADRIATICA Lamarck

Pl. VIII, fig. 3

1819. *Modiola adriatica* LAMARCK, Anim. sans vert., t. VI, p. 112.
1819. — *subcarinata* LAMARCK, Id., t. VI, p. 116 (pars, var.).
1831. — — Lam. BRONN, Ital. Tertiargeb., p. 112.
1851. — *modiolus* WOOD (*non* Linné), Crag Moll., II, p. 57, pl. VIII, fig. 1 c, 1 d (pars).
1859. — *radiata* Hanley, SOWERBY, Illust. Index Brit. Shells, pl. VII, fig. 8.
1867. — *Adriatica* Lam. WEINKAUFF, Conch. des Mittelm., I, p. 219.
1870. — — Lam. HIDALGO, Mol. marin. España, p. 128, pl. LXXV, fig. 7–9.
1882. — *barbata* FONTANNES (*non* Linné), Moll. Plioc. Rhône, II, p. 134, pl. VIII, fig. 3.
1888. — *adriatica* Lam. LOCARD, Révision esp. franc. genre *Modiolus*, p. 99, pl. I, fig. 4.
1888. — *ovalis* Sow. LOCARD, Id., p. 103, pl. I, fig. 5.
1888. — *Lamarkiana* LOCARD, Id., p. 106, pl. I, fig. 6.
1888. — *radiata* Thorpe, LOCARD, Id., p. 109, pl. I, fig. 7.
1888. — *strangulata* LOCARD, Id., p. 113, pl. I, fig. 8.
1888. — *brachytera* LOCARD, Id., p. 116, pl. I, fig. 9.
1890. — *adriatica* Lam. B.D.D., Moll. mar. Roussillon, II, p. 155, pl. XXVIII, fig. 1 et 2.
1893. — — Lam. D. PANTANELLI, Lamellib. plioc., p. 110.
1898. — — Lam. SACCO, I Moll. Terr. Terz. Piem., part. xxv, p. 38, pl. XI, fig. 20–23.
1907. — — Lam. CERULLI-IRELLI, Fauna Malac. Mariana, p. 40, pl. V, fig. 11 et 12.
1907. — — Lam. DAUTZENBERG et DE LAMOTHE, Marnes plaisanc. d'Alger., Soc. Géol., p. 498.

Testa ovata, tenui, oblique fasciata, margine superiore recto, inferiore subalato, intus caerulescente. (Lamarck).

Le type de Lamarck est délicat à établir parce qu'aucune figure ne vient l'éclaircir et que la diagnose est bien faible. Mr. Locard qui a vu à Genève l'échantillon type dans la collection Lamarck dit que la figure qui s'en rapproche le plus c'est la fig. 8, pl. LXXV de Mr. Hidalgo.

Nos échantillons ne cadrent pas bien avec cette figure qui est trop large, mais ils se rapportent à une variété étroite, déjà figurée par Wood, sous le nom de *Modiola modiolus* var. *elongata* Wood, pl. VIII, fig. 1 c, d, (*tantum*), qui est à peu près le *M. strangulata* Locard, figuré par Sacco, pl. XI, fig. 24. Nous n'admettons pas comme espèces toutes les formes distinguées par Mr. Locard et nous les considérons seulement comme des variétés.

Les spécimens de Nadadoiro sont assez longs et étroits, ils mesurent 45 mm. sur 20 mm. de largeur, le test est mince, fragile, de coloration jaune, la nacre apparaît au moindre froissement, le crochet subterminal est subrétréci, le côté externe est peu développé, le côté interne est peu sinueux, l'extrémité palléale étroite, arrondie, obtuse, les lignes d'accroissement très fines sont étagées par séries, c'est bien la var. *elongata* Wood.

Ce n'est pas seulement le contour général, fort variable dans les Modioles, qui nous a conduit à rejetter toutes les espèces de Locard, mais bien la généralité du vrai caractère spécifique tiré de la structure fine et régulière de son test, par lequel le *M. adriatica* se distingue des autres modioles d'Europe; dans le *M. modiolus* des mers du Nord les lamelles d'accroissement sont grossières et rudes, dans le *M. barbata,* qui est plus commune, ces lamelles sont ébréchées et fort inégales par suite du développement barbu de l'épiderme.

Nous avons quelques citations dans le Miocène, comme l'Helvétien supérieur de Marvilla et le Tortonien de Casal das Rolas au Portugal; celles du Pliocène ne sont pas bien nombreuses, l'espèce est commune cependant dans l'Astien d'Italie et de la vallée du Rhône, elle est présente aussi dans le Pliocène du Nord, elle est citée dans le Pleistocène méditerranéen; à l'état vivant on la connaît dans l'Atlantique, depuis l'Angleterre jusqu'au Maroc, et dans la plus grande partie de la Méditerranée, son habitat est purement littoral.

Localité.—Nadadoiro.

Famille XXIV—LIMIDAE

RADULA LIMA Linné sp. (OSTREA)

Pl. VII, fig. 1

1766. *Ostrea lima* Linné, Syst. Nat., Éd. xii, p. 1147.
1784. — — Lin. Chemnitz, Conch. Cab., t. vii, p. 349, pl. LXVIII, fig. 651 (fortes épines).
1795. — — Lin. Poli, Test. utriu. Siciliae, ii, p. 166, pl. XXVIII, fig. 22 et 24.
1819. *Lima squamosa* Lamarck, Anim. sans vert., vi, p. 156.
1825. — — Lam. Blainville, Manuel de Malacol., p. 526, pl. LXII, fig. 3.
1867. — — Lam. Hoernes, Foss. Moll. Wien., ii, p. 383, pl. LIV, fig. 2 (var.).
1867. — — Lam. Weinkauff, Conch. des Mittelm., i, p 240.
1870. — — Lam. Hidalgo, Mol. marin. España, pl. LVII *B*, fig. 8.
1874. — — Lam. Wood, Crag Moll., Supp., i, p. 109, pl. X, fig. 1 *a, b*.
1877. — — Lam. Locard, Faune Mioc. Corse, p. 151, pl. V, fig. 6 et 7.
1881. *Radula lima* Lin. B.D.D., Moll. mar. Roussillon, ii, p. 51, pl. XI, fig. 1-3.
1898. — — Lin. Sacco, 1 Moll. Terr. Terz. Piem., part. xxv, p. 13, pl. IV, fig. 28-34.
1901. — — Lin. Dollfus et Dautzenberg, Nouvelle liste Pélécypodes Mioc. Touraine, p. 43.
1903. — — Lin. G. Dollfus, Faune Malac. Mioc. sup. Rennes, Ass. Fr. Av. Sc. Angers, p. 639.
1905. — — Lin. G. Dollfus, Faune Malac. Mioc. Gourbesville, Ass. Fr. Av. Sc. Cherbourg, p. 365.
1906. *Lima lima* Lin. Dautzenberg et Fisher, Moll. Ouest Afrique, Prince de Monaco, xxxii, p. 65.
1907. *Radula lima* Lin. Dautzenberg et De Lamothe, Marnes plaisanc. d'Alger., p. 497.

O. testa æquivalvi, gibba, radiis 22 imbricatis, squamis; altero margine rotundato, auriculis obliteratis. (Linné).

D'après Hanley l'échantillon typique de la collection de Linné conservé à la Société Linnéenne de Londres est bien le *Lima squamosa* de Lamarck et la plupart des figures citées par Linné comme celles de Bonanni, Gualtieri, d'Argenville, Lister, le représentent suffisamment.

Il est probable cependant que Linné confondait sous ce nom plusieurs espèces, car la référence de Rumphius se rapporte mieux au *L. bullifera* Reeve de l'Océan Indien qu'au type méditerranéen. Il est possible aussi que la figure de Chemnitz se rapporte à une espèce exotique.

On ne paraît pas avoir insisté assez jusqu'ici sur les variétés du *Radula lima,* beaucoup d'auteurs ont créé pour elles des noms d'espèces, et nous sommes de ce nombre, noms qu'on a reconnu plus tard devoir être considérées seulement comme s'appliquant à des variétés du type. Voici quelques-unes de ces espèces qui doivent passer dans la synonymie comme variétés simples.

L. plicatula Wood, *Crag. Moll.,* pl. VII, fig. 4. Petite forme transverse, oblique.

L. atlantica Mayer, *Die Tertiär-Faune der Azoren und Madeiren,* pl. V, fig. 27. Grande forme à côtes nombreuses, granuleuses.

L. dispar Micht. (non figuré), in Sacco, part. xxv, pl. IV, fig. 28-31.

L. Grossouvrei Dollfus et Dautzenberg, *Jour. Conchy.,* vol. xxxvi, p. 249, pl. XI, fig. 4. Forme longue, côtes espacées minces, ornements dans les intervalles.

L. Griseti Mayer, *Jour. Conchy.,* vol. xlii, pl. V, fig. 2. Forme régulière, ovale, côtes assez nombreuses et assez fortes.

L. Dumortieri Locard, *Faune de la Molasse,* pl. XIX, fig. 8. Forme typique, côtes espacées, peu nombreuses.

Mr. Sacco distingue encore comme variété une forme: *pliodispar,* pl. IV, fig. 32 et 33, de grande taille avec 23 à 30 côtes sublisses. Et comme espèce spéciale sous le nom impropre de *Radula paucicostata* Sowerby, une forme rustique qui compte 17 à 18 grosses côtes espacées, fortement épineuses, qui n'est pas l'espèce de la Mer Rouge décrite sous ce nom, mais qui pourrait bien être une forme spéciale.

Le *Radula lima* est développé dans tous les bassins miocènes méditerranéens et atlantiques; dans le Pliocène son extension est semblable à son étendue dans les mers actuelles d'Europe qui va de la Norwège au Maroc, s'étendant aux Canaries et à Madère, nous relevons quelques citations des Antilles, il est très rare au Monte-Mario.

Les échantillons du Pliocène ancien du Portugal sont peu nombreux et de Nadadoiro seulement; un échantillon un peu incomplet mesure: hauteur 36 mm., largeur 26 mm. avec 22 côtes principales et 6 plus faibles du côté byssal; ces côtes sont rapprochées et peu squammeuses, les oreillettes petites ornées de côtes rayonnantes et de lignes d'accroissement peu distinctes, la charnière assez haute est presque exactement tripartite et oblique et la dépression byssale bien nette. Les figures des plus voisines sont celles de Sacco, pl. IV, fig. 28 et 33. Les débris d'un échantillon plus grand à côtes fortes concordent avec la fig. 29 du même ouvrage.

Sa distribution bathymétrique va de 50 à 250 mètres de profondeur.

Localité.—Nadadoiro.

RADULA (MANTELLUM) INFLATA Chemnitz sp. (PECTEN)

1784. *Pecten inflatus* Chemnitz, Conch. Cab., t. vii, p. 346, pl. LXVIII, fig. 649 *a* (médiocre).
1790. *Ostrea fasciata* Gmelin (*non* Linné), Syst. Nat., xiii, p. 3331.
1792. — *tuberculata* Olivi, Zool. Adriat., p. 120.
1795. — *glacialis* Poli (*non* Gmelin), Test. utriu. Siciliae, ii, pl. XXVIII, fig. 19-21.
1814. — *tuberculata* Olivi, Brocchi, Conch. foss. subap., ii, p. 570.
1819. *Lima inflata* Lamarck, Anim. sans vert., vi, p. 156.
1836. — — Lamarck, Id. (Éd. Desh.), vii, p. 115.
1836. — *mutica?* Lamarck, Id. (Éd. Desh.), vii, p. 118.
1862. — *inflata* Lam. Reiss et Bronn, Tert. Schichten Santa Maria, Azoren (Neues Jahrb., p. 42, 1862).
1867. — — Chem. Hoernes, Foss. Moll. Wien, ii, p. 387 (pars).
1867. — — Chem. Weinkauff, Conch. des Mittelm., i, p. 241.
1870. — — Chem. Hidalgo, Mol. marin. España, p. 124, pl. LVII *B*, fig. 9 (bonne).
1873. — — Chem. Benoist, Catal. Test. foss. Saucats, p. 69.
1878. — — Chem. Locard, Mollasse du Lyonnais, p. 120.
1880. — — Chem. Fontannes, Moll. Plioc. Rhône, ii, p. 205, pl. XIII, fig. 8.
1888. — — Chem. B.D.D., Moll. mar. Roussillon, ii, p. 53, pl. XI, fig. 4-6.
1898. *Mantellum inflatum* Chem. Sacco, I Moll. Terr. Terz. Piem., part. xxv, p. 15, pl. V, fig. 1 et 2 (*major*).
1905. *Radula inflata* Chem. Gentil et Boistel, Gisements plioc. Tetouan, Compte-rendu Acad. Sc., 26 juin.
1907. — — Chem. Cerulli-Irelli, Fauna Malac. Mariana, p. 21, pl. II, fig. 33.

Testa oblique ovata, valde tumida, utroque latere hiante, auriculis minimis, cardine obliquo; margine subintegro. (Lamarck). Longueur 54 mm.

Cette espèce n'a pas été aisément délimitée. La figure de Chemnitz est médiocre, Linné n'en a pas parlé, Gmelin en a donné une synonymie confuse sous un mauvais nom; Olivi, Poli, lui ont donné des noms inemployables et c'est Lamarck qui en a fixé réellement les caractères; la figure de l'Encyclopédie est mauvaise, et elle a été confondue à l'état vivant avec le *L. hians,* espèce plate, allongée, mince, beaucoup plus petite, à côtes rayonnantes parallèles, subégales, dont les caractères sont tout autres.

Diverses variétés ont pu contribuer à propager cette erreur, nous relevons les principales:

Lima inflata var. *exilis* Wood, 1851, *Crag Moll.,* ii, p. 43, pl. VII, fig. 6. Diffère à peine du type, taille plus faible, un peu moins bombée et charnière plus large. Cerulli-Irelli, *Fauna Malac. Mariana,* pl. II, fig. 34.

L. inflata var. *Grundensis* Fontannes, 1881. Fondée sur Hoernes, pl. LIV, fig. 5. Côtes subégales et serrées.

L. inflata var. *Goossensi* Dollfus et Dautzenberg, 1888, *Jour de Conch.*, vol. XXXVI, p. 247, pl. XI, fig. 3. Rayons de plus en plus serrés d'avant en arrière.

L. inflata var. *tauroparva* Sacco, 1898, pl. V, fig. 2-4. Petite taille, figure defectueuse.

Nous n'avons de Nadadoiro qu'un bien petit échantillon, ayant 18 mm. de hauteur et autant de largeur, les côtes sont espacées, un peu rapprochés du côté droit dont l'oreillette a un aspect presque lisse. L'espèce est toujours bien bombée, baillante, ornée de côtes rayonnantes un peu rugueuses, irrégulières, espacées à des distances variables.

Le *Lima inflata* apparaît dans le Miocène avec des variations diverses, se développe dans le Plaisancien et l'Astien du Nord et du Midi, et se propage dans le Pleistocène de la Sicile, de la Tunisie, etc., a l'état vivant on le connaît dans les mers européennes de la Méditerranée et de l'Atlantique, aux Canaries, aux Iles de Cap-Vert. (Dautzenberg et Fischer, 1906).

Son habitat est littoral et ne descend guère au-dessous de 50 mètres de profondeur.

Localité.—Nadadoiro.

Famille XXV—PECTINIDAE

HINNITES CRISPUS Brocchi sp. (OSTREA)

Pl. VIII, fig. 4

1814. *Ostrea crispa* Brocchi, Conch. foss. subap., II, p. 567.
1821. *Hinnitis Cortesyi* Defrance, Dict. Sc. Naturelles, t. XXI, p. 169, pl. LXXXVI, fig. 1 et 1 a.
1829.   —   *Dubuissoni* J. Sowerby (non Defrance), Miner. Conchol., pl. DCI.
1836.   —   *Cortesii* Def. Lamarck, Anim. sans vert. (Éd. Desh.), t. VII, p. 150.
1851.   —   *Cortesyi* Defr. Wood, Crag Moll., II, p. 19, pl. III.
1882.   —   *crispus* Br. Fontannes, Moll. plioc. Vallée du Rhône, II, p. 201, var., pl. XIII, fig. 4; pl. XIV, fig. 1 et 2 (Pliocène).
1897.   —   —   Br. Sacco, 1 Moll. Terr. Terz. Piem., part. XXIV, p. 10, pl. II, fig. 1 *a*, *b* et 2 *a*, *b*.

Testa oblonga, rudis, umbonibus pectinatis; valva inferiori excavata, lamellis imbricatis crispis; valva superiori plana, costis longitudinalibus tuberculatis; fossa cardinali angusta, claviformi. (Brocchi).

La diagnose de Brocchi et sa description ne laissent pas de doute sur l'identification de cette espèce, mais la figure à laquelle il renvoie dans le «Museum Metallicum» d'Aldrovande (1648) est si mauvaise qu'il n'est pas surprenant que Defrance ne l'ait pas reconnue. Mr. L. Foresti, qui a fait une étude spéciale sur les fossiles d'Aldrovande[1], se demande comment Brocchi a pu identifier cette image avec son *Ostrea crispa*, il estime que c'est probablement et simplement l'espèce si commune, l'*Ostrea lamellosa* Brocchi du Pliocène de l'Emilie.

Nous ne discuterons cependant pas sur la validité du nom de Brocchi bien que le nom de Defrance publié sept ans plus tard soit accompagné au contraire d'une figure suffisante. L'*Hinnites Dubuissoni* Defrance est une forme voisine, principalement miocène, plus transverse, à rayons plus réguliers, assez répandue dans le faciès Savignéen des faluns de la Touraine et dans l'étage Redonien de la Loire inférieure et de la Mayenne.

L'échantillon de Nadadoiro que nous avons sous les yeux a 111 mm. de longueur, 93 mm. de largeur, la charnière très haute mesure 25 mm. et domine une impression musculaire obronde située au-dessous et d'un diamètre de 30 a 35 mm. La surface extérieure mal conservée montre encore

---

[1] Rome, 1887. *Boll. Soc. Géol. Italiana*, t. VI, p. 81. (*Ostracites coralloides*, p. 463).

cependant le talon d'une première coquille initiale à rayons nombreux, irrégulières, flexueux; les figures de Mr. Sacco lui conviennent suffisamment.

Un autre échantillon de Selir do Porto est arrondi, ayant 38 mm. dans ses deux diamètres, sensiblement plus profond et très rugueux.

L'*Hinnites crispus*, dont la présence dans le Miocène n'est pas certaine, paraît caractéristique du Pliocène à la fin duquel il s'est éteint, son horizon principal serait le Pliocène inférieur.

Localités.—Nadadoiro, Selir do Porto.

CHLAMYS VARIUS Linné sp. (OSTREA)

Pl. VII, fig. 7 à 10

1766. *Ostrea varia* Linné, Syst. Nat., xii, p. 1146.
1814. — — Lin. Brocchi, Conch. foss. subap., ii, p. 573.
1836. *Pecten varius* Lin. Lamarck, Anim. sans vert. (Éd. Desh.), t. vii, p. 148.
1851. — — Lin. Wood, Crag Moll., ii, p. 41.
1859. — — Lin. Sowerby, Illust. Index Brit. Shells, pl. IX, fig. 1–5.
1870. — — Lin. Hidalgo, Mol. marin. España, pl. XXXV *a*, fig. 1 et 2; XXXVI, fig. 1–5.
1884. — — Lin. De Gregorio, Studi su tal. Conch. Med., p. 189.
1889. — — Lin. B.D.D., Moll. mar. Roussillon, ii, p. 99, pl. XV, fig. 1–7.
1897. *Chlamys varia* Lin. Sacco, I Moll. Terr. Terz. Piem., part. xxiv, p. 3, pl. I, fig. 1–4.
1898. *Pecten varius* Lin. Almera et Bofill, Mol. foss. plioc. de Cataluña, p. 112.
1903. — — Lin. Berkeley Cotter, Moll. tert. du Portugal, Esquisse, p. 18 et 21.
1903. — — Lin. G. Dollfus, Faune Malac. Mioc. sup. Rennes, Ass. Fr. Angers, p. 659.
1905. — — Lin. G. Dollfus, Faune Malac. Gourbesville, Ass. Fr. Cherbourg, p. 365.
1905. — — Lin. Gentil et Boistel, Gisements plioc. Tetouan, Compte-rendu Acad. Sc., 26 juin.
1907 — — Lin. Cerulli-Irelli, Fauna Malac. Mariana, p. 25, pl. II, fig. 46–48.
1887. *Chlamys varia* Lin. Dautzenberg et De Lamothe, Marnes plaisanc. d'Alger., p. 497.

O. testa aequivalvi, radiis triginta scabris, compressis echinatis uniaurita. (Linné).

Hanley qui a examiné le type de la collection Linnéenne nous indique, que cette coquille est conforme à la figure de Donovan (*British Shells*, vol. i, pl. I, fig. 1). La localité de Linné, Oceano Australiori, est considérée comme erronée, mais c'est qu'il existe en effet dans les mers de la Nouvelle Calédonie une espèce extrêmement voisine qui a été nommée *P. cristularis* par Adams et Reeve, la figure de Gualtieri citée par Linné est fort grossière, mais il reste peu de doute sur cette espèce qui a le rare privilège de ne posséder aucune synonymie.

C'est avec raison que d'Orbigny a fait un *P. subvarius* du *P. varius* de Goldfuss (*Petref. Germ.*, ii, p. 61, pl. XCV, fig. 1) qui représente une espèce de l'Oligocène moyen d'Alzey.

Le *P. aculeatus* Alm. et Bof. (pl. VIII, fig. 17) ne parait qu'une variété à implantations squamneuses régulières.

Mr. de Gregorio a été peu heureux dans les variétés qu'il a créées. La var. *arzella* (*Encycl.*, pl. 213, fig. 5) est une forme peu squammeuse, qui ne diffère en rien des exemplaires un peu usés trouvés sur les rivages. La var. *gapera*, qui serait mieux nommée var. *monotis* Da Costa, est basée sur une figure de Da Costa (pl. X, fig. 1) qui représente une forme *fortement rugueuse*, un échantillon de Negreiro qui mesure 38 mm. sur 37 mm. se rapporte à cette variété; la variété *plionella* est basée sur un erreur, car l'*Ostrea discors* Brocchi, qui est indiqué comme type, n'est qu'un jeune du *P. inœquicostalis* Lamarck. Enfin la var. *stama* De Gregorio est fondée sur des exemplaires a côtes inégales, par exemple soudées par cinq et bien plus larges, modification qui est fréquente dans la plupart des espèces de Peignes et fort accentuée dans l'espèce voisine le *P. gloria-maris*.

Un échantillon de Nadadoiro, pl. VII, fig. 7, présente un nombre de côtes plus grand que le type (30), ces côtes étant un peu plus minces et plus serrées, la forme un peu géniculée est plus transverse, c'est probablement la variété *percostulata* Sacco (pl. I, fig. 5) qui n'est peut-être qu'un aspect de la variété *rotundata* Locard; nos autres échantillons sont sensiblement typiques. Dans tous les gisements on trouve des individus qui n'ont pas leur taille adulte et qui ne justifient en rien la variété *minor* créée par Locard. Par contre Mr. Cerulli-Irelli parle d'échantillons du Monte-Mario atteignant 10 centimètres et plus de diamètre umbono-ventral et qui mériteraient bien le nom de var. *gigantea*.

Les *P. nimius* Fontannes, et *P. Costai* Font. du Portugal paraissent des variétés du Miocène. Le *P. varius* peu répandu dans l'Helvétien et le Tortonien est bien développé dans le Plaisancien et l'Astien, il est général aujourd'hui dans les mers d'Europe, des côtes d'Ecosse au détroit de Gibraltar; n'ayant pénétré dans la région du Nord qu'au Pleistocène. Son habitat actuel d'après Forbes et Hanley serait limité entre 6 et 50 mètres de profondeur.

Localités.—Aguas Santas, Nadadoiro, Selir do Porto, Monte-Real.

CHLAMYS MULTISTRIATUS Poli sp. (OSTREA)

1766. *Ostrea pusio* Linné (pars), Syst. Nat., xii, p. 1146.
1795. — *multistriata* Poli, Test. utriu. Siciliae, ii, p. 164, pl. XXVIII, fig. 14.
1822. — *pusio* Lin. Turton, Dithyra Brit., p. 215, pl. XVII, fig. 2.
1823. *Pecten striatus* Sowerby (*non* Muller), Miner. Conch., pl. CCCXCIV, fig. 2-4.
1836. — *pusio* Lin. Philippi, Enum. Moll. Siciliae, i, p. 84.
1836. — — Lin. Lamarck (pars), Anim. sans vert., t. vii, p. 152.
1850. — *substriatus* D'Orbigny, Prod. de Paleont., iii, p. 128, n° 2409 *non* 2430.
1851. — *pusio* Penn. Wood (pars), Crag Moll., ii, p. 33, pl. VI, fig. 4 *b* et 4 *c*.
1870. — — Lin. Hidalgo, Mol. marin. España, pl. XXXII A, fig. 3, 4 et 5.
1882. — — Lin. in Penn. Fontannes, Moll. plioc. Rhône, ii, p. 193, pl. XII, fig. 10 et 11 (var.).
1888. — *multistriatus* Poli, Locard, Monog. genre *Pecten*, p. 37.
1889. — — Poli, Bucquoy, Dollfus et Dautz., Moll. Roussillon, ii, p. 104, pl. XVI, fig. 1-5.
1897. *Chlamys multistriatus* Poli, Sacco, I Moll. Terr. Terz. Piem., part. xxiv, p. 6, pl. I, fig. 12-14.
1893. — *pusio* Lin. D. Pantanelli, Lamellib. plioc., p. 90.
1901. — *multistriatus* Poli, Dollfus et Dautzenberg, Nouvelle liste Pélécyp. Mioc. moyen, p. 46.
1905. *Pecten multistriatus* Poli, Dollfus, Faune Malac. Gourbesville, Ass. Fr. Av. Sc., p. 365.
1905. — *pusio* Lin. Gentil et Boistel, Gisements plioc. Tetouan, p. 2.
1907. *Chlamys multistriatus* Poli, De Lamothe et Dautzend., Marnes plaisanc. d'Alger, B. S. G. Fr., p. 497.
1907. — — Poli, Dollfus, Faune Malac. Beaulieu, Ass. Fr. Av. Sc., p. 347.
1907. — — Cerulli-Irelli, Faune Mal. Mariana. p. 90, pl. II, fig. 49 et 50; pl. III, fig. 1-4.

Testa rotundato-oblonga, subaequivalvi, radiis irregularibus 30-50 laevibus aut scabris, auricula altera minima. (Philippi).

Nous laissons de côté toutes les formes adhérentes et sinueuses pour lesquelles nous gardons les noms de *Pecten pusio* Lin. ou *P. distortus* Da Costa.

Le type de Poli représente une espèce longue, mesurant 28 mm. de haut sur 20 mm. de largeur, à côtes très nombreuses (48 environ) peu squammeuses.

Un bon nombre de variétés ont été signalées:

Var. *costicillatissima* Sacco. Côtes radiales extrêmement fines et nombreuses, allant de 60 à 70 (pl. I, fig. 15).

Var. *asperula* G.D. var. *limata* Wood (non Goldfuss). Côtes fortes bien squameuses formant une sorte de passage au *P. varius* (Sacco, pl. I, fig. 18; Wood, pl. VI, fig. 4 *b*). Var. B de Mr. Cerulli-Irelli.

Var. *striatura* Wood. Côtes bifides, bien régulier, dépourvu de squammules = var. *binicostata* Sacco (pl. I, fig. 17; Wood, pl. VI, fig. 4 *c*).

Var. *gibbosella* Sacco (pl. I, fig. 19). Valve convexe et subgibbeuse.

Il est fort possible que le *Chlamys tauroperstriata* Sacco (p. 8, pl. I, fig. 20 à 24) de grande taille à rayons très nombreux et lisses, appartienne encore au *P. multistriatus* comme espèce Helvétienne ancestrale.

Je mettrai entièrement de côté le *P. limatus* Gold. (non Wood) qui est orné de perles et qui appartient à l'Oligocène de la Hesse, le type conservé à Goettingen ne nous a laissé aucun doute sur son indépendance.

La variété *elongata* Locard paraît se confondre avec le type lui-même.

Nous avons de Senhora da Victoria un échantillon incomplet dans lequel les côtes sont assez fortes, disposées par deux et un peu squammeuses, de Nadadoiro des fragments plus petits qu'on peut rapporter au type. Mais tous ces matériaux sont trop mauvais pour avoir pu être utilement figurés.

Le *C. multistriatus* est connu dans des divers bassins du Miocène européen, Loire, Gironde, Italie, Suisse, Autriche, il est présent dans le Tortonien de Cacella. Au Pliocène son extension est considérable au Nord comme au Midi dans tout le bassin Méditerranéen, enfin à l'époque actuelle on le signale depuis les côtes du Portugal jusqu'à celles du Maroc, à Libéria, aux Canaries, aux Açores.

La distribution en profondeur s'étend de 10 à 240 mètres.

Localités.—Nadadoiro, Senhora da Victoria.

CHLAMYS EXCISUS Bronn sp. (PECTEN)

Pl. VIII, fig. 5 à 9

1814. *Ostrea pyxidata* BROCCHI (*non* Born, 1780), Conch. foss. subap., II, p. 579, pl. XIV, fig. 12 (médiocre).
1831. *Pecten excisus* BRONN, Ital. Tertiargeb., p. 117, n° 671.
1836.   — *pyxidatus* Br. LAMARCK, Anim. sans vert. (Éd. Desh.), t. VII, p. 162.
1889. *Pyxis pyxidata* Br. FORESTI, Del genero *Pyxis*, Boll. Soc. Geol. Ital., VIII, p. 264, pl. IV.
1893. *Chlamys excisa* Bronn, D. PANTANELLI, Lamellib. plioc. Modena, p. 86.
1895.   —   — Bronn, FORESTI, Enum. Moll. plioc. Bologna, p. 259.
1897. *Lissochlamys excisa* Bronn, SACCO, I Moll. Terr. Terz. Piem., part. XXIV, p. 46, pl. XIII, fig. 26–29.
1907.   —   — Bronn, DAUTZENBERG et De LAMOTHE, Marnes plaisanc. d'Alger, p. 497.

Testa rotundata, inaequivalvis, glaberrima, striis flexuosis ad utrumque latus cardinis exarata; valva inferiori convexa, superiori plana, auriculis inaequalibus rugosis, altera transversim striata. (Brocchi).

La description de Brocchi est bonne, mais sa figure, qui est une vue perspective, présente une forme trop bombée dans laquelle les oreillettes sont sacrifiées.

Mr. Foresti ayant cru remarquer que la description de Brocchi ne correspond pas à sa figure, a créé une variété *cavarea* pour les échantillons à échancrure byssale profonde et à valve inférieure peu concave, mais Mr. Pantanelli tenant compte plutôt de la figure a rejetté la variété de Mr. Foresti.

Au point de vue de la nomenclature le nom de *P. pyxidata* ne peut plus être conservé pour cette espèce par suite de son emploi antérieur dans un autre sens par Born. De même le sous-genre *Pyxis* de Meneghini, in Stefani, 1877, ne peut être employé par suite de plusieurs genres *Pyxis* antérieurs, non Chemnitz, 1784; non Bell, 1815; nec Dejean, 1834, etc., mais il nous paraît que le sous genre ou genre *Chlamys* suffit et qu'une nouvelle subdivision est ici sans nécessité.

Nous croyons devoir retirer entièrement de la synonymie l'*O. squama* Brocchi basé sur une figure de l'*Encyclopédie Méthodique*, pl. CCXIV, fig. 6, qui concorde avec la description pour désigner une petite espèce atteignant 3 lignes au lieu de 3 pouces, à valves sans aucune convexité, sans sulcatures internes ou externes et qui pourrait bien être le *P. similis* Laskey ou *P. incomparabilis* Risso.

Le *P. exisus*, qui paraît très abondant dans presque tous les dépôts tertiaires qui nous occupent, est une coquille obronde qui mesure, d'après un bon échantillon de Nadadoiro, pl. VIII, fig. 5–6, hauteur

75 mm., diamètre transversal 90 mm. La valve plane est lisse dans la région centrale et ornée de rayons latéraux fins plus ou moins développés, l'échancrure byssal est épineuse et profonde, les deux oreillettes très dissemblables, celle byssale est ornée de 6 à 8 rayons rugeux coupés de lamelles concentriques, l'autre oreillette plus mince, assez grande, a le bord sinueux avec rayons inégaux.

La valve bombée reproduit l'ornementation de la valve plane, elle est ronde aussi et couverte de rayons fins qui s'espacent dans la région centrale, les oreillettes sont moins développées, celle de gauche, sinueuse, porte environ huit rayons crépus, celle de droite, médiocre, est pourvue seulement de lamelles parallèles ondulées.

Certains échantillons de Nadadoiro plus fortement costulés, de petite taille et bien bombés paraissent rentrer dans la variété *perstriatula* Sacco, pl. XIII, fig. 29. D'autres spécimens d'Aguas Santas et de Selir do Porto, pl. VIII, fig. 7–9, sont presqu'entièrement lisses.

Il existe dans le Pliocène du Nord un *P. Gerardi* Nyst qui ne manque pas d'analogie à première vue avec le *P. excisus*, mais les valves en sont presque également convexes, les oreillettes peu développées et le sinus byssal est à peine indiqué, etc.

Cette espèce abondante dans le Plaisancien d'Italie et qu'on est surpris de ne pas voir signalée au Monte-Mario, devient moins fréquente dans l'Astien, je ne vois pas de citations du Miocène, et rien d'analogue n'est vivant dans nos mers actuelles d'Europe.

Localités.—Aguas Santas, Negreiro, Nadadoiro, Selir do Porto, Monte-Real.

PECTEN JACOBAEUS Linné sp. (OSTREA)

1766. *Ostrea Jacobaea* LINNÉ, Syst. Nat., XIII, p. 1144.
1814. — — Lin. BROCCHI, Conch. foss. subap., II, p. 572.
1819. *Pecten Jacobaeus* Lin. LAMARCK, Anim. sans vert., VI, p. 163.
1847. — — Lin. SOWERBY, Thesaurus Conch., I, p. 46, pl. XV, fig. 107 et 108.
1870. — — Lin. HIDALGO, Mol. mar. España, pl. XXXI, fig. 3; pl. XXXII, fig. 1; pl. XXXII a, fig. 1, 2.
1872. — — Lin. MONTEROSATO, Conch. foss. Monte Pellegrino, Ficarazzi, p. 22.
1887. — — Lin. B.D.D., Moll. mar. Roussillon, II, p. 62, pl. XII, fig. 1 et 2; pl. XIII, fig. 1–7.
1888. — — Lin. LOCARD, Monog. du genre *Pecten* d'Europe, p. 20.
1889. — — Lin. SIMONELLI, Terr. e foss. di Pianosa, Bol. Com. Geol. Italia, XX, p. 193.
1893. — — Lin. D. PANTANELLI, Lamellib. plioc., p. 97.
1893. — — Lin. JOUSSEAUME, Foss. de l'Isthme de Corinthe, Bull. Soc. Géol. Fr., XXI, p. 399.
1895. — — Lin. FORESTI, Moll. plioc. Bologna, II, p. 270.
1897. — — Lin. WATSON, Marine Mollusca of Madeira, Jour. Linn. Soc. of London, XXVI, p. 301.
1897. — — Lin. SACCO, I Moll. Terr. Terz. Piem., part. XXIV, p. 58, pl. XVIII, fig. 1.
1898. — — Lin. NAMIAS, Coll. Mal. plioc. Castelarquato, p. 130.
1898. *Janira Jacobaea* Lin. ALMERA et BOFILL, Mol. foss plioc. Cataluña, p. 116.
1898. *Pecten Jacobaeus* Lin. BRIVES, Terr. tertiaire du Dahra et vallée du Chelif (Algérie), p. 112.
1902. — — Lin. DEPÉRET et ROMAN, Monog. Pectinidés du Néog. de l'Europe, p. 58, Mém. Soc. Géol. Fr., t. X, pl. VIII, fig. 1 et 1 a.
1903. — — Lin. DEPÉRET et CAZIOT, Gisements Plioc. et Quart. de Nice, Bull. Soc. Géol. Fr., III, p. 333 (Quaternaire ancien).
1903. — — Lin. C. CREMA, Sul piano Siciliano Valle Crati, Bol. Com. Geol. Ital., p. 9.
1905. — — Lin. BOISTEL, Foss. Néogènes du Maroc., Bull. Soc. Géol. Fr., V, p. 202.
1905. — — Lin. G. DOLLFUS, Faune Malac. Mioc. Gourbesville, Ass. Fr. Av. Sc., p. 365.
1906. — — Lin. DAUTZENBERG et FISCHER, Moll. Ouest Afrique, Prince de Monaco, XXXII, p. 71.
1907. — — Lin. DAUTZENBERG et DE LAMOTHE, Marnes plaisanc. d'Alger, p. 498.
1907. — — Lin. CERULLI-IRELLI, Fauna Malac. Mariana, p. 84, pl. IV, fig. 14.

Testa inaequivalvi, radiis 14 angulatis; longitudinaliter striatis. (Linné).

Le *Pecten Jacobaeus* est une espèce très anciennement connue, le type Linnéen est conforme aux figures de Sowerby et les auteurs ont signalé peu de variétés. La var. *glabra* Locard paraît fondée sur des échantillons usés, la var. *striata* Locard qui est établie sur des costulations très obsolètes de la valve supérieure nous est inconnue. Mais parmi les variétés fossiles il en est de très intéressantes qui forment passage au *P. Grayi* Michelotti (Sacco, pl. XIX, fig. 4–17) de l'Helvétien de Turin qui est, à n'en pas douter, une forme ancestrale.

Var. *squamulosa* Sacco (pl. XVIII, fig. 2). Ornée de squammules concentriques fines.

Var. *striatissima* Foresti (Sacco, fig. 3). Les cordons des rayons sont plus nombreux et plus fins. (Foresti, *Plioc. antico Castrocaro*, p. 50, pl. 1, fig. 19 et 20).

Var. *bipartita* Foresti (Sacco, var. *subbipartita*, pl. XVIII, fig. 6–10). Cette forme caractérisée par les cordons plus gros que ses rayons, par sa taille moindre, par les intervalles plus étroits, a été considérée par Mr. Foresti comme une variété du *P. maximus* (*Plioc. antico Castrocaro*, p. 49, pl. I, fig. 21–23), c'est un passage très net au *P. Grayi* dont le *P. Rhegiensis* Seguenza (*Form. tertiaire de Reggio*, pl. XIV, fig. 17) ne paraît qu'une variété.

Les échantillons très rares, fragmentaires, que nous possédons de Nadadoiro et de Selir do Porto se rapportent à cette variété *bipartita*, de taille médiocre, hauteur 44 mm., largeur 54 mm., les côtes sont ornées de gros cordons au nombre de trois ou de quatre, découpés par des sillons profonds.

Le *P. Jacobaeus*, inconnu dans le Miocène, n'est pas commun dans le Plaisancien de la Méditerranée, il s'étend beaucoup dans l'Astien, passe dans le Sicilien et les mers actuelles, son extension géographique est toujours bornée à la Méditerranée et à ses dependances, y compris le Portugal, le Maroc et les Iles de l'Atlantique moyen. On le rencontre entre 5 et 100 mètres de profondeur.

Dans les bassins du Nord il est remplacé dans le Pliocène par le *P. grandis*, ancêtre direct du *P. maximus*. Le *P. maximus*, fort douteux actuellement dans la Méditerranée, parait avoir été absent du Pliocène de cette région.

Localités.—Nadadoiro, Selir do Porto.

PECTEN BENEDICTUS Lamarck

Pl. VII, fig. 3 à 4

1819. *Pecten Benedictus* Lamarck, Anim. sans vert., t. vi, p. 180 (pars).
1836.   —   —   Lamarck, Id. (Éd. Deshayes), t. vii, p. 157 (pars).
1838.   —   —   Lam. Potiez et Michaud, Galerie Musée de Douai, ii, p. 71, pl. XLVIII, fig. 6.
1848.   —   —   Lam. Bronn, Index paleont., ii, p. 920 (*non* Nyst).
1880. *Janira benedicta* Lam. Fontannes, Moll. plioc. Rhône, ii, p. 196, pl. XII, fig. 12.
1897. *Pecten plano-medius* Sacco, I Moll. Terr. Terz. Piem., part. xxiv, p. 60, pl. XIX, fig. 2 et 3.
1902.   —   *benedLam.usict* Depéret et Roman, Monog. des Pectinidés du Néogène de l'Europe, i, p. 33, pl. IV, fig. 1–5.
1905.   —   —   Lam. Depéret et Roman, Monog. supp., i, p. 103.
1905.   —   —   Lam. Boistel, Fossiles Néogènes du Maroc, Bull. Soc. Géol. Fr., t. v, p. 202.

Testa inaequivalvi, superne plano concava, subtus valde convexa; radiis 12 ad 14 planulatis, distinctis, transversim striatis. (Lamarck).

Lamarck a groupé sous le nom de *Pecten Benedictus* deux espèces différentes, celle de Perpignan et celle de Doué (Maine et Loire), la figure de Potiez et Michaud n'a pas éclairci cette situation, et la première image qui en a été donnée est celle de Fontannes qui a représenté comme type de l'espèce un échantillon de Perpignan; comme d'ailleurs la diagnose se rapporte le mieux à cette forme de Perpignan qui est aussi la première désignée, et que l'espèce de Doué paraît devoir se rapporter au *P. aduncus* Eichwald, il convient de considérer les échantillons de Perpignan, comme représentant le type et c'est aussi la solution préconisée par Mrs. Depéret et Roman. Anciennement déjà Tournouer avait constaté la distinction à faire entre l'espèce du Pliocène de Perpignan et celle du Miocène de

Doué, et il avait désigné dans sa collection et ses manuscrits l'espèce miocène sous le nom de *P. prae-benedictus*. De son côté Fontannes qui ignorait cette conclusion a désigné l'espèce miocène, qu'il avait rencontrée dans la vallée du Rhône sous le nom de *P. subbenedictus* (1878, *Bassin de Visan*, p. 83, pl. II, fig. 1).

Nous y assimilons franchement le *P. plano-medius* Sacco, bien que Mrs. Depéret et Roman dans leur Supplément penchent à considérer cette forme comme une espèce distincte, car il est à remarquer que les figures qu'ils donnent dans ce supplément (pl. X, fig. 2) comme typiques de cette espèce, ne ressemblent que de loin aux figures originales de Sacco (pl. XIX, fig. 2 et 3), que nous considérons comme le type réel. Quoiqu'il en soit, l'espèce est franchement plaisancienne, elle paraît descendre des *P. Beudanti* et *P. pseudo-Beudanti* du Burdigalien, qui passent au *P. subbenedictus* et au *P. Dunkeri* de l'Helvétien dont le *P. aduncus* n'apparaît que comme un rameau.

Un grand échantillon de Nadadoiro que nous avons sous les yeux, pl. VII, fig. 2 et 3, mesure pour la grande valve bombée, hauteur 112 mm., diamètre transversal 116 mm. Nous comptons 18 côtes grandes et petites, dont trois plus faibles de chaque côté, ce qui nous ramène au nombre de côtes indiqué de 12 à 14 par Lamarck, interprété par Fontannes comme comptant 12 côtes principales et deux à quatre rayons secondaires de chaque côté. Les côtes sont de $\frac{1}{3}$ environ plus larges que leurs intervalles, dans ces intervalles on distingue des lamelles d'accroissement serrées et fines mais qui ne sont jamais développées comme dans le *P. Beudanti*, les oreillettes peu développées, inégales, sont ornées de lignes d'accroissement parallèles.

La petite valve plane qui est un peu concave, mesure 94 mm. sur 112 mm., et elle compte 12 fortes côtes espacées, avec 3 ou 4 petits rayons rapprochés sur les côtés.

L'espèce est abondante à Nadadoiro, à Aguas Santas, Negreiro et Selir do Porto; un exemplaire atteint 115 × 120 mm. de diamètre, quelques échantillons de Nadadoiro présentent sur la valve gauche des costules fines intercalaires, ce qui se présente sur bien d'autres espèces de Pecten.

La distribution géographique montre que l'espèce est développée spécialement dans la partie occidentale de la Méditerranée, en Italie, au Maroc, dans le Midi de la France, l'Espagne, le Portugal, l'Algérie. Au point de vue stratigraphique elle fait son apparition dans le Plaisancien et s'éteint dans l'Astien.

Localités.—Aguas Santas, Negreiro, Nadadoiro, Selir do Porto, Monte-Real, Alfeite au Sud du Tage.

PECTEN (AEQUIPECTEN) OPERCULARIS Linné sp. (OSTREA)

Pl. VII, fig. 11 à 13

1766. *Ostrea opercularis* Linné, Syst. Nat., xii, p. 1147.
1778. *Pecten lineatus* Da Costa, Brit. Conch., p. 147, pl. X, fig. 8.
1784. — *opercularis* Lin. Chemnitz, Conch. Cab., vii, p. 341, pl. LXVII, fig. 646.
1814. *Ostrea plebeja* Brocchi, Conch. foss. subap., ii, p. 577, pl. XIV, fig. 10 (*non* Lamarck).
1823. *Pecten sulcatus* Sowerby, Mineral Conch., pl. CCCXCIII, fig. 1.
1826. — *Audouini* Payraudeau, Moll. de Corse, p. 77, pl. II, fig. 8 et 9.
1827. — *reconditus* Sowerby, Mineral Conch., pl. DLXXV, fig. 5 et 6.
1835. — *opercularis* Lin. Goldfuss, Petref. Germ., ii, p. 62, pl. XCV, fig. 6 *a, b.*
1844. — — Lin. Nyst, Coq. et Polyp. foss. Belgique, p. 291, pl. XXIII, fig. 2 *a, b.*
1848. — — Lin. Bronn, Index paleont., p. 928.
1851. — — Lin. Wood, Crag Moll., ii, p. 35, pl. VI, fig. 2 *a–d.*
1881. — — Lin. B.D.D., Moll. mar. Roussillon, ii, p. 72, pl. XVIII, fig. 1 type, fig. 2-8 var.;
pl. XVII, fig. 1-2 var. *transversa,* fig. 3-8 var. *Audouini.*
1881. — — Lin. Nyst, Conch. Terr. Tert. Belgique, p. 149, pl. XV, fig. 1 et 2.
1888. — — Lin. Locard, Monog. du genre *Pecten,* p. 49.
1897. *Aequipecten opercularis* Lin. Sacco, I Moll. Terr. Terz. Piem., part. xxiv, p. 14, var. *Audouini,* pl. III,
fig. 13-16.
1900. *Pecten opercularis* Lin. Louis et Edouard Bureau, Géol. de la Loire-inférieure, p. 468.
1905. — — Lin. Gentil et Boistel, Gisem. plioc. Tétouan, Comptes-rendus, Ac. Sc., 26 juin.
1907. *Chlamys opercularis* Lin. Cerulli-Irelli, Fauna Malac. Mariana, p. 27, pl. III, fig. 5-16.
1907. *Aequipecten opercularis* Lin. Dautz. et De Lamothe, Marnes plaisanc. d'Alger, Soc. Géol., viii, p. 497.

O. testa inaequivalvi, radiis 20, subrotundata, decussatim striato-scabra, operculo convexiore.
(Linné).

Linné n'indique pas de figure pour son type, mais d'après la description plus précise du Museum Ulricae et d'après l'étude fait par Hanley de la collection même de Linné, nous pouvons conclure qu'il faut prendre pour type soit la figure de Donovan [1] (*British Shells,* vol. i, pl. 12), soit celle de Pennant ou de Lister qui représentent la forme la plus commune de l'Océan Atlantique, pourvue de côtes arrondies, peu saillantes, à peine plus larges que leurs intervalles, coupées de squammules concentriques médiocrement accusées; dans la Méditerranée la variété *Audouini* qui y règne presque exclusivement est pourvue de côtes rayonnantes bien saillantes, subanguleuses, coupées de lamelles squammeuses, serrées; dans l'âge adulte des côtes secondaires très squammeuses se développent sur les côtés des rayons principaux.

Mr. Sacco, après beaucoup d'autres auteurs, a créé de nombreuses variétés basées sur des différences médiocres et faciles à multiplier pour une espèce aussi polymorphe, il nous est impossible de les discuter ici, il a montré des passages intéressants au *P. scabrellus* Lamarck qui, dans l'âge adulte, à côté des exemplaires typiques en présente d'autres avec des côtes tripartites bien espacées.

Les échantillons de Selir do Porto que nous avons sous les yeux sont extrêmement voisins de la figure de Nyst, pl. XV, fig. 2 *a, b,* publiée par erreur sous le nom de *P. Sowerbyi* (errata). Ils sont de petite taille, ils mesurent 25 mm. sur 22 mm. et comptent 18 côtes subcrénelées bordées à droite et à gauche de lamelles squammeuses régulières, l'intervalle des côtes est généralement profond et orné de lamelles libres régulières, ils appartiennent bien au groupe du *P. Audouini* qui est développé en Italie surtout dans le Plaisancien, passe dans l'Astien et la Méditerranée actuelle sans s'étendre sur les côtes océaniques d'Europe. Les variétés du Miocène sont rares; c'est cependant dans son voisinage

---

[1] Sous le nom d'*Ostrea subrufus,* d'une hauteur de 60 mm., avec une largeur de 63 mm.

qu'il faut grouper *P. Suzensis* Font., *P. pavonaceus* Font., *P. Malvinae* Desh., *P. Valenciennesi* Mich.; MM. Almera et Bofill en ont figuré toute une série sous divers noms du Burdigalien de Catalogne (1897).

L'habitat actuel de la forme atlantique, d'après Forbes et Hanley, va de 10 à 200 mètres de profondeur.

Localités.—Selir do Porto, Monte-Real.

PECTEN (FLEXOPECTEN) FLEXUOSUS Poli sp. (OSTREA)

Pl. VII, fig. 5 et 6

1795. *Ostrea flexuosa* Poli, Test. utriu. Siciliae, ii, p. 164, pl. XVIII, fig. 11.
1814. — *coarctata* Born, Brocchi, Conch. foss. subap., ii, p. 574, pl. XIV, fig. 9.
1819. *Pecten flexuosus* Poli, Lamarck, Anim. sans vert., t. vi, p. 173.
1831. — *polymorphus* Bronn, Ital. Tertiargeb., p. 119.
1867. — *flexuosus* Poli, Weinkauff, Conch. des Mittelm., i, p. 257.
1881. — — Poli, B.D.D., Moll. mar. Roussillon, ii, p. 91, pl. XXI, fig. 1-10.
1893. *Chlamys flexuosus* Poli, D. Pantanelli, Lamellib. plioc., p. 88.
1897. *Flexopecten flexuosus* Poli, Sacco, I Moll. Terr. Terz. Piem., part. xxiv, p. 40, pl. XII, fig. 24-34.
1907. *Chlamys* — Poli, Cerulli-Irelli, Fauna Malac. Mariana, p. 30, pl. III, fig. 23 et 25 type.

Testa subæquivalvi, rotundato-flabellata, alba, purpureo maculata; radiis quinque crassis, margine undato; limbo striato. (Lamarck).

Si l'opinion de Mr. R. Brauer (*Bemerkungen über die original Exemplare zu Born*) Sitz. Berichte, part. lxxvii, p. 138, se trouvait confirmée par l'examen des échantillons de la collection de Knorr, il faudrait restituer à cette espèce le nom de *P. coarctata* Born, 1780, car il ne suffit pas que l'échantillon de Born soit bien le *P. flexuosus*, il faut encore que ce soit bien cette espèce qui soit celle figurée par Knorr et sur laquelle le nom a été créé. Or la figure de Knorr est douteuse, t. ii, pl. XXI, fig. 5, elle donne une seule valve en perspective qui pourrait aussi bien être le *P. amphicyrtus* Locard, etc.

Nous avons deux échantillons sous le yeux: celui de Nadadoiro, pl. VII, fig. 5, mesure 23 mm. de hauteur sur 25 mm. de largeur transversale, la valve est plane, on y compte 7 côtes arrondies fort inégales et inéquidistantes, le rayon médian délimite 2 côtes à droite et 4 à gauche, des lamelles transverses sont visibles entre les deux rayons extrèmes des deux côtés, les oreillettes inégales sont pourvues de côtes granuleuses, le bord palléal est bossué, inégal.

L'échantillon de Selir do Porto, pl. VII, fig. 6, qui a 21 mm. de haut sur 23 de largeur, est très sensiblement bombé, les côtes rayonnantes centrales sont sondées entre elles et on compte 6 côtes doubles de chaque côté du sillon médian correspondant à la côte centrale de l'autre valve, des sillons d'accroissement très marquées abaissent la surface en étages saccadés, les oreillettes sont inégales, celle byssale est plus forte, ornée de forts rayons granuleux.

Les variétés qu'on peut établir dans le *P. flexuosus* sont certainement nombreuses, il ne dément pas le nom qui lui avait donné Bronn, nous en avons cité jusqu'à cinq dans les formes vivantes, Mr. Sacco en figure aussi un certain nombre: var. *perlaevis* (pl. XII, fig. 27), qui n'est pas sans grande analogie avec la valve de Nadadoiro; var. *plioparvula* (fig. 28, 29, 30), forme très petite à côtes très irrégulières; var. *biradiata* Fontannes (fig. 32), à côtes très amples, six au plus; var. *inflata* Sacco (fig. 31); var. *intermedia* Sacco (fig. 34); var. *percolligens* (fig. 33), nous estimons même qu'on pouvait réunir ces trois dernières variétés en une seule, dans laquelle les côtes sont couvertes de sillons rayonnants bien marqués; la dernière forme constitue un passage au *P. inaequicostalis* Lamarck, par la var. *pertransiens* Sacco (pl. XIII, fig. 7). Nous sommes obligés de laisser de côté dans nos comparaisons le *P. Estheris* C. Crema sur lequel nous ne sommes pas assez documentés (*Bol. Com. Geol. Ital.*, 1903, p. 52, pl. II, fig. 3 à 8).

M. Cerulli-Irelli a trouvé dans le Plaisancien des environs de Rome les variétés suivantes:

Var. *pyxoidea* Locard (pl. II, fig. 26, pl. IV, fig. 1) dont le bord est brusquement infléchi comme le rebord d'une petite boîte.

Var. *biradiata* Tiberi (pl. III, fig. 27) avec quatre rayons principaux bifides, très larges.

Var. *trisulcata* Cerulli (pl. IV, fig. 2 et 3) rayons très inégaux et très inégalement divisés qui nous paraît faire double emploi avec la var. *percolligens* Sacco, dont l'auteur ne paraît pas avoir tenu assez compte.

Var. *duplicata* Locard (pl. IV, fig. 4 et 5) qui paraît comme fondée sur quelque anomalie de croissance marqué par un sillon profond parallèle au bord palléal.

Comme distribution stratigraphique on peut dire que l'apparition dans le Miocène est douteuse, mais que l'espèce est fort bien représentée dans le Plaisancien, elle se poursuit dans l'Astien et dans la Méditerranée actuelle, sans être jamais commune. L'extension géographique est bornée à la Méditerranée et ses annexes; Lamarck indique les côtes du Portugal et Mr. Pallary celles du Maroc.

Sa distribution en profondeur va de 2 mètres à 200 mètres.

Localité.—Nadadoiro, Selir do Porto.

PECTEN (MANUPECTEN) PES-FELIS Linné sp. (OSTREA)

Pl. VII, fig. 14

1766. *Ostrea pes felis* Linné, Syst. Nat., xii, p. 1146.
1780. — *elongata* Born, Test. Mus. Caes. Vindob., p. 163, pl. VI, fig. 2.
1784. *Pecten pes felis* Lin. Chemnitz, Conch. Cab., t. vii, pl. LXIV, fig. 612; pl. LXV, fig. 613.
1788. *Ostrea* — — Lin. Gmelin, Syst. Nat., Ed. xiii, p. 3323.
1795. — *corallina* Poli, Test. utriu. Siciliae, ii, p. 164, pl. XXVIII, fig. 16.
1867. *Pecten pes felis* Lin. Weinkauff, Conch. des Mittelm., t. ii, p. 250.
1877. — *elongatus* Born, Hidalgo, Mol. Mar. España, p. 121 et 125, pl. XXXIV, fig. 5 et 6.
1882. — *pes felis* Lin. Fontannes, Moll. Plioc. Rhône, ii, p. 191, pl. XII, fig. 9.
1897. *Manupecten pesfelis* Lin. Sacco, 1 Moll. Terr. Terz. Piem., part. xxiv, p. 36, pl. XII, fig. 1 (type).
1898. *Pecten pes felis* Lin. Almera et Bofill, Mol. fos. Catal., p. 115.
1898. — — — Lin. Locard, Exploration Travailleur et Talisman, ii, p. 374.
1903. — — — Lin. Depéret et Caziot, Gisem. Plioc. et Quat. de Nice, p. 327, B. S. G. Fr., t. iii.
1905. — — — Lin. G. Dollfus, Faune Malac. de Gourbesville, Ass. Fr. Av. Sc. Cherbourg, p. 365.
1906. *Chlamys pes felis* Lin. Dautzenberg, Moll. Ouest Afrique, Camp. Prince Monaco, xxxu, p. 68.
1907. — — — Lin. Cerulli-Irelli, Fauna Malac. Mariana, p. 29, pl. III, fig. 19 et 20.
1907. *Manupecten pes felis* Lin. Dautzenberg et De Lamothe, Marnes plaisanc. d'Alger, Soc. Géol., p. 497.

O. testa inaequivalvi radiis 9 striatis, scabris, auricula altera minuta. (Linné).

Il n'y a pas de figure citée dans Linné et sa diagnose médiocre est peu explicite, mais nous pouvons nous guider sur Chemnitz qui a bien figuré l'espèce peu d'années après, Hanley rapporte d'ailleurs que le type Linnéen conservé à Londres est conforme à ses figures et il a établi l'origine des erreurs de la diagnose; nous pensons donc que la démonstration que Mr. Hidalgo nous a promise de l'absence du type Linnéen dans la Méditerranée ne pourra en boulverser la nomenclature. Mr. de Gregorio a créé six variétés, dont l'une, var. *elongata* Born, ne nous paraît guère se distinguer du type et se rapporte tout spécialement à l'échantillon de Selir do Porto que nous avons sous les yeux. La var. *cansica* de Greg. est fondée sur la mauvaise figure de l'Encyclopédie (pl. 211, fig. 1), qui paraît copiée de Chemnitz, les autres variétés sont établies sur diverses figures de Reeve basées principalement sur la coloration. De son côté Mr. Sacco a figuré trois variétés: *plioundata* Sacco, pl. XII, fig. 2-4, avec les cordons des rayons moins forts, la fig. 4 est voisine aussi de notre échantillon; var. *quinqueundata* Sacco, fig. 5, avec cinq côtes seulement moins accusées; var. *ligustica* Sacco, fig. 6-8, petite forme du Plaisancien.

On trouve dans le Miocène tout un groupe de Manupecten qui sont plus ou moins voisins du *P. pesfelis: P. Puymoriae* Mayer, *P. Reussii* Hoernes, *P. Nolani* Bardin, *P. fasciculatus* Millet, mais qu'on peut en séparer. L'espèce de Linné apparaît dans le Plaisancien et se propage dans l'Astien du bassin Méditerranéen; dans les mers actuelles on la rencontre dans la partie occidentale de la Méditerranée, sur la côte atlantique d'Afrique et dans les îles de Madère et des Canaries, c'est partout une espèce rare qui habite dans les fonds rocheux peu profonds.

L'échantillon incomplet de Selir do Porto qui compte cinq forts rayons bien arrondis et fort saillants, un peu plus étroits que leurs intervalles, devait mesurer: hauteur 42 mm., largeur 34 mm. Toutes les côtes, comme leurs intervalles, sont ornées de cordonnets arrondis serrés et leurs intervalles sont ornés d'ornements obliques, élégants, très fins, visibles seulement à la loupe.

Localité.—Selir do Porto:

Famille XXVI—OSTREIDAE

OSTREA EDULIS Linné var. SONORA Defrance

Pl. IX, fig. 1 à 5

1766. *Ostrea edulis* Linné, Syst. Nat., xii, p. 1148.
1821. — *sonora* Defrance, Dict. Sc. Nat., t. xxii, p. 22.
1844. — *ungulata* Nyst, Descrip. Coq. Tert. Belgique, p. 325, pl. XXIV, fig. 8 *b* et 8 *b'*; pl. XXV, fig. 1 *a* et 1 *b*; pl. XXVI, fig. 8 *a* et 8 *a'*.
1851. — *edulis* Lin. Wood, Crag Moll., ii, p. 13, pl. II, fig. 1 *a* et 1 *b*.
1879. — *ungulata* Nyst, Wood, Id., supp. ii, p. 44, pl. V, fig. 7 *a* et 7 *b*.
1881. — *edulis* Nyst var. *ungulata* Nyst, Conch. Terr. tert. Belgique, 1ᵉʳ part., p. 139, pl. VIII, fig. 1 *d*, *f, g, h, i*; pl. IX, fig. 1 *a–f*.
1882. — *lamellosa* Fontannes, Moll. Plioc. Rhône, ii, p. 222 (pars), pl. XVI, fig. 1 et 2 (*non* Brocchi).
1887. — *edulis* Lin. B.D.D., Moll. mar. Roussillon, ii, p. 2 (type pl. II, fig. 4).
1897. — — Lin. var. *corrugata* Sacco, I Moll. Terr. Terz. Piem., part. xxiii, p. 6, pl. I, fig. 18–20.
1903. — — Lin. var. *ungulata* Nyst G. Dollfus, Faune Malac. Mioc. Rennes, Ass. Fr. Av. Sc., p. 659.
1905. — — var. *angulata* G. Dollfus, Faune Malac. Gourbesville (Manche), Ass. Fr. Av. Sc., p. 365.
1906. — — var. *sonora* Defr. Dollfus et Dautzenberg, Paleont. Universalis, pl. XCVIII.
1907. — — Lin. Cerulli-Irelli, Fauna Malac. Mariana, p. 6, pl. I, fig. 1 et 2.
1907. — — Lin. G. Dollfus, Faune Malac. du Redonien de Montaigu (Vendée), Ass. Fr. Av. Sc., Reims, p. 347.

Testa inaequivalvi, semiorbiculata, membranis imbricatis undulatis, valvula altera plana, integerrima. (Linné).

Nous avons indiqué ailleurs, dans les *Mollusques du Roussillon,* la forme qu'il fallait considérer comme le type: Lister, fig. 193-30, *Moll. Roussillon,* II, fig. 4. La variété qui se trouve à Nadadoiro correspond parfaitement aux échantillons et figures de Nyst, de Wood est aux cotypes de Defrance que nous avons récemment figurés. La taille atteint: longueur 95 mm., largeur 78 mm. La valve inférieure, grande valve, valve droite, est un peu lamelleuse et plissée, ces plis sont inégaux et inéquidistants, la forme générale ovale est atténuée vers la charnière, le test est assez profond, peu épais, les plis sont plus marqués à l'origine et déployés à la périphérie ou ils sont parfois complètement oblitérés; la charnière tripartite est droite ou dirigée, tantôt à droite, tantôt à gauche; les crénelures latérales ne sont pas constantes, la petite valve, valve plane, valve gauche, est couverte de lamelles concentriques nombreuses, bien développées, la charnière est plus faible, la forme générale toujours rétrécie vers la charnière.

C'est peut-être l'*Ostrea corrugata* Brocchi (*Conchy. foss. subap.*, Appendice, p. 670, pl. XVI, fig. 15 et fig. 14 juv.), mais les figures sont médiocres, la valve principale n'est pas connue, et le doute est légitime. M. D. Pantanelli considère l'*O. corrugata* comme un jeune de l'*O. lamellosa* vivante de la Méditerranée. Il est donc préférable de laisser ce nom de côté, d'après Nyst ce serait encore l'*O. cristata* Philippi et l'*O. uncinata* Deshayes, mais nous n'avons pas été à même de contrôler ces attributions. Les figures de Mr. Cerulli-Irelli représentent des échantillons peu caractéristiques, sa var. *Cyrnusi* Pay. (pl. I, fig. 4), est certainement une espèce distincte. L'*O. lamellosa* Brocchi est une variété grande et épaisse, bien plissée, fort éloignée des exemplaires du Portugal.

Nous avons à Aguas Santas de bons échantillons qui tendent vers l'*O. edulis* typique. Ceux de Selir do Porto sont fort défectueux et peu fréquents. A Nadadoiro les échantillons sont fort nombreux et caractéristiques, parmi eux on rencontre des individus passant à la var. *oblongula* Sacco (pl. I, fig. 15-16).

Cette var. *ungulata* Nyst ou mieux *sonora* Defrance, qui est un nom plus ancien, est connue du Miocène supérieur de l'Ouest de la France, du Pliocène inférieur de la Belgique, de l'Angleterre, etc., mais nous ne la connaissions pas jusqu'ici aussi loin au Midi.

L'habitat littoral bien connu va de 2 à 40 mètres de profondeur.

Localités.—Aguas Santas, Negreiro, Nadadoiro, Selir do Porto, Senhora da Victoria, Monte-Real.

Famille XXVII—ANOMIIDAE

ANOMIA EPHIPPIUM Linné

Pl. VIII, fig. 10 à 14

1758. *Anomia ephippium* LINNÉ, Syst. Nat., x, p. 701.
1766. — *cepa* LINNÉ, Id., xii, p. 1150.
1785. — *ephippium* Lin. CHEMNITZ, Conch. Cab., viii, p. 71 et 81, pl. LXXVI, fig. 692 et 693.
1785. — *cepa* Lin. CHEMNITZ, Id., viii, p. 83, pl. LXXVI, fig. 694 et 695.
1814. — *ephippium* Lin. var. γ BROCCHI, Conch. foss. subap., ii, p. 460.
1831. — — . Lin. var. *ruguloso-striata* BRONN, Ital. Tertiargeb., p. 124.
1836. — — Lin. LAMARCK (Éd. Deshayes), Anim. sans vert., t. vii, p. 273.
1882. — — Lin. FONTANNES, Moll. Plioc. Rhône, ii, p. 217, pl. XIV, fig. 11-14.
1887. — — Lin. BUCQUOY, DAUTZ. et DOLLFUS, Moll. Roussillon, ii, p. 26, pl. VII, fig. 1-4.
1897. — — Lin. SACCO, I Moll. Terr. Terz. Piem., part. xxiii, p. 31, pl. X, fig. 1 et seq.
1905. — — Lin. G. DOLLFUS, Faune Malac. Gourbesville, Ass. Fr. Cherbourg, p. 363.
1907. — — Lin. CERULLI-IRELLI, Fauna Malac. Mariana, p. 9, pl. I, fig. 10-14.
1907. — — Lin. DAUTZENBERG et DE LAMOTHE, Marnes plaisanc. d'Alger, vii, p. 497.
1907. — — Lin. G. DOLLFUS, Étude critique sur quelques coquilles du Bordelais, p. 25.

Anomia ephippium, Testa suborbiculata, rugoso-plicata; planiore perforata. (Linné).
A. cepa, Testa obovata, inaequali (violacea): superiore convexa, inferiore perforata. (Linné).

Le type de cette espèce est délicat à fixer, car son polymorphisme est bien connu, nous nous sommes occupés autrefois de cette question, la figure de Bonanni, Part. II, fig. 56, mentionnée par Linné est suffisante et peut être acceptée.

Les échantillons que nous avons sous les yeux provenant de Nadadoiro, pl. VIII, fig. 10 et 11, et de Selir do Porto sont d'une conservation médiocre, ils se rapportent au type donné par M. Sacco (pl. X, fig. 2), qui nous paraît se confondre sensiblement avec la variété *ruguloso-striata* Bronn (pl. X, fig. 18 et 20) créé par Bronn d'après une variété décrite par Brocchi avec la diagnose de «*striis longitudinalibus confertis rugulosis*».

D'autres échantillons se rapprochent de l'*A. cepa* Linn. qui a été reconnue n'être qu'une variété de l'*A. ephippium*, et les figures des *Mollusques du Roussillon*, pl. VIII, fig. 1–3, s'y rapportent ainsi que la figure 10, pl. X, de Sacco. Deux beaux échantillons lisses, réguliers, de 30 à 35 mm. de diamètre, pl. VIII, fig. 13 et 14, font comprendre la variété *orbiculata* Brocchi (Sacco, fig. 11–13).

L'*A. ephippium* paraît avoir débutée dans l'Aquitanien et s'est propagée jusque dans les mers actuelles de l'Europe des côtes de Norvège à Madère et dans toute la Méditerranée, néanmoins la variété *ruguloso-striata* Bronn est surtout abondante dans le Plaisancien.

Son habitat actuel va de la zone littorale jusqu'aux grands fonds de 1.500 mètres et plus.

Localités.—Nadadoiro, Selir do Porto, Monte-Real.

BRACHIOPODA

TEREBRATULA AMPULLA Brocchi sp. (ANOMIA)

Pl. IX, fig. 6 à 12

1759. *Anomia* SCILLA, De Corporibus marinis lapidescentibus, pl. XIV, fig. 6.
1814.   — *ampulla* BROCCHI, Conch. foss. subap., II, p. 466, pl. X, fig. 5.
1815. *Terebratula ampulla* LAMARCK et VALENCIENNES, Anim. sans vert., t. VI, p. 250.
1836.   —   — Lam. PHILIPPI, Enum. Moll. Siciliae, I, p. 98, pl. VI, fig. 10.
1838.   —   *grandis* BRONN (pars), Lethaea Geogn., II, p. 909, pl. XXXIX, fig. 19 (*tantum*).
1844.   —   — PHILIPPI (*non* Blumenbach), Enum. Moll. Siciliae, II, p. 67.
1845.   — *ampulla* Desh. GALVANI, Illust. Conch. foss. mar. de San Felippo, p. 189, pl. IV, fig. 1.
1850.   —   — Br. DAVIDSON, Notes on an examination of Lamarck's species of fossil *Terebratulæ*, An. Nat. Hist., sér. 2, vol. V, p. 438.
1855.   —   — Br. SEGUENZA, Paleont. Malac. Brachiop., p. 32, pl. III, fig. 2-5.
1870.   —   *grandis* var. *ampulla* Br. DAVIDSON, On Italian Tert. Brachiop. Geol. Mag., vol. VII, p. 365, pl. XIX, fig. 2.
1871.   —   *ampulla* Br. SEGUENZA, Studi paleont. Brach. terziarii Ital. merid., p. 134, pl. V, fig. 1-4 (Mémoire important).
1877.   —   — Br. FISCHER, Terr. Tert. Ile de Rhodes, p. 10 (Plioc. supérieur).
1878.   —   *grandis* LOCARD (*non* Blum.), Faune de la mol. du Lyonnais, p. 155, pl. XIX, fig. 11 et 12.
1885.   —   *ampulla* Br. DEPÉRET, Bassin Tert. du Roussillon, p. 70.
1889.   —   — Br. POMEL, Carte Géol. de l'Algérie, p. 176.
1889.   —   — Br. KILIAN, Mission d'Andalousie, p. 717.
1889.   —   *grandis* CHOFFAT (*non* Blum.), Plioc. du Portugal, Bull. Soc. Belge de Géol., t. III, p. 122.
1891.   —   *ampulla* Br. OPPENHEIM, Beitr. z. Kenn. der Neog. Griechenland, p. 442.
1893.   —   — Br. FORESTI, Enumera. Brachiop. plioc. Bologna, p. 66.
1902.   —   — Br. SACCO, I Brachiop. Terr. Terz. Piem., p. 11, pl. II, fig. 4-8 (type).
1907.   —   — Br. DAUTZENBERG et DE LAMOTHE, Marnes plaisanc. d'Alger, p. 488.

Testa inflata, valva inferiore basim versus obscure biplicata, altera rotundata, laevi, apice prominente pertuso. (Brocchi).

L'historique des grandes Térébratules tertiaires est long et confus, nous ne pouvons en indiquer que les grands traits. La première bonne figure a été donnée par Scilla, 1759, *De corporibus marinis lapidescibus,* mais sans description, elle est citée par Brocchi et elle semble devoir être considérée comme le type, cependant Seguenza qui a fait de longues études sur cette question a érigé cette figure de Scilla en espèce distincte sous le nom de *Terebratula Scillae* dont le caractère serait de présenter une multitude de stries rayonnantes très faibles, visibles seulement à la loupe, mais cet aspect paraît pouvoir provenir simplement de l'altération de la couche superficielle du test.

Plus tard Bronn a confondu dans son *Lethaea Geognostica* toutes les grandes Térébratules tertiaires et leur a attribué le nom le plus ancien de *T. grandis* Blumenbach, 1803, et cette erreur s'est longuement propagée; Deshayes en a retiré de suite le *T. bisinuata* Lamarck de l'Eocène, Deslonchamp dans ses *Études critiques sur les Brachiopodes* (1862, pl. VIII, fig. 15-16) a montré que l'organisation intérieure de l'espèce de Blumenbach, appartenant à l'Oligocène supérieur de l'Allemagne du Nord, n'avait rien à faire avec l'appareil apophysaire branchial de la Térébratule miocène des Faluns. Mr. Vincent, (1893, *Contrib. Pal. Terr. Tert. Belgique, Soc. Malac.*, XXVIII, p. 55), a exposé aussi que la grande Térébratule du Tertiaire supérieur de la Belgique n'avait aucune analogie avec l'espèce de Blumenbach, mais il lui a attribué le nom de *T. variabilis* Sowerby, qui nous avons montré devoir être remplacé par celui, plus ancien, de *T. perforata* Defrance. D'un autre côté Mr. G. Dreger (*Die Tertiaren Brachiopoden des Wiener Becken*) a exposé que la grosse Térébratule du Miocène d'Autriche n'était ni la *T. grandis* Blum., ni la *T. ampulla* Brocchi, et il lui a donné le nom de *T. Hoernesi* Suess, Mr. Hilber en a décrit toute une série de formes analogues du Miocène de la Galicie.

Après ces redressements et ces utiles épurations, il est resté en Italie même quelques divergences, à savoir si le *T. sinuosa* Brocchi était une espèce réele ou une variété de la *T. ampulla*. Mr. Sacco dans son récent travail a fondu toutes ces observations en établissant toute une série de variétés.

Var. *complanata* Brocchi (Sacco, pl. II, fig. 9-11). Forme considérée par Brocchi comme une espèce, mais qui offre toutes les transitions au type; test dilaté, valve supérieure gibbeuse, comprimée latéralement; valve inférieure aplatie, sommet largement perforé. C'est peut-être simplement une forme jeune, car on sait que chez les Brachiopodes le contour des valves se modifie profondément avec l'âge, l'allongement des individus se produit sans accroissement correspondant de la charnière qui est prépondérante dans les spécimens jeunes, l'ouverture est variable de grandeur et aussi d'inclinaison; ce n'est que sur la vue d'une série nombreuse que les caractères spécifiques différentiels apparaissent.

Var. *plicatoparva* Sacco (pl. II, fig. 12-13). Test petit, franchement transversal, bossué, pli central bien marqué. (Plaisancien).

Var. *aviculoides* Sacco (pl. II, fig. 14). Région de l'ouverture prolongée en bec. (Tout le Pliocène).

Var. *peralata* Sacco (pl. II, fig. 15). Peu différente du type, un peu transverse, figure mauvaise (Plaisancien).

Var. *laevinflata* Sacco (pl. II, fig. 16). Forme subglobuleuse, sans aucune ondulation (Astien).

Var. *dertocrassa* Sacco (pl. II, fig. 17-20). Espèce plus épaisse aux charnières, sillons internes profonds; on n'a que des fragments du Tortonien.

Var. *plicata* Meneghini (Sacco, pl. II, 21-24). Espèce trapue, plis bien marquées, ouverture grande, c'est la variété φ de Brocchi (Astien et Plaisancien).

Var. *incavata* Sacco (pl. II, fig. 25). Nous paraît une déformation accidentelle, individuelle, forme triangulaire (Plaisancien).

Var. *plicatoalata* Sacco (pl. II, fig. 26). Forme pentagonale, bien plissée, pourrait bien être une espèce distincte (Astien).

Var. *pseudosinuosa* Sacco (pl. III, fig. 1 et 2). Forme longue, échantillons qui paraissent avoir été génés dans leur croissance par des corps étrangers voisins (Astien).

Var. *perstriata* Sacco (pl. III, fig. 3). Forme dissymétrique dans laquelle l'un des lobes est plus développé que l'autre, c'est une malformation bien connue dans un grand nombre de brachiopodes, même dans les Rhynchonelles du Jurassique et du Crétacique; elle paraît résulter d'une inégalité de vitalité entre les deux appareils spiraux.

On pourrait multiplier ces variations. Mr. Sacco considère le *T. sinuosa* Brocchi comme une espèce plissée de l'Helvétien, elle est toujours de taille inférieure au *T. ampulla*, les épaules sont tombantes et la base bien élargie, le *T. pedemontana* Lamarck qui a été étudié par Davidson en serait une simple variété. L'absence de vue de profil des échantillons, et la représentation d'échantillons très incomplets ôte à la belle monographie de Mr. Sacco quelque peu d'autorité pour l'établissement de tant de variétés.

Les gisements pliocéniques du Portugal ont fourni un très grand nombre de spécimens, que nous nous efforçons de grouper, nous avons de Selir do Porto, Nadadoiro et Negreiro, de grands échantillons qu'on peut considérer comme typiques ayant 60 mm. de haut sur 48 mm. de largeur, peu sinueux, à épaules élargies et ouverture grande, pl. IX, fig. 6 et 9.

D'autres sont allongés, pl. IX, fig. 7 et 8, ils concordent avec les échantillons figurés par Mr. Sacco sous le nom de *T. Scilla* (pl. II, fig. 2 et 3) et qui sont assez différents de ceux que nous connaissons sous ce nom de Sicile; ils mesurent 45 mm. de long sur 35 de largeur, et on y remarque une faible ondulation palléale plus accentuée vers le bord, et des sillons d'accroissement bien marqués. Un grand nombre d'échantillons sont remarquablement transverses, la grande valve à 55 mm. de haut sur 50 mm. de largeur, nous avons même des échantillons isolés de la petite valve qui sont plus larges que hauts, ayant 48 mm. de largeur sur 45 mm. de hauteur, nous ne voyons rien d'identique dans les figures qui ont été données, ce serait une variété nouvelle: *per-transversa,* pl. IX, fig. 10-12.

Quelques échantillons enfin se rapportent à la variété *plicato-parva,* ils sont ondulés et transverses.

Aucun de nos échantillons n'est nettement plissé, l'ouverture est toujours grande; dans aucun le cadre branchial n'est conservé, mais les impressions musculaires sont fortes et circonscrites, séparées par une crête droite très fine; dans quelques spécimens le test est altéré et montre une couche profonde à sillons rayonnants très nombreux, très obscurs; une couche plus profonde, brillante, satinée, montre au contraire des bandes concentriques en relation avec les lignes d'accroissement.

Au point de vue stratigraphique et géographique nos échantillons de *T. ampulla* ne sauraient être confondus avec les échantillons du Miocène, ils se rapportent aux types du Pliocène méditerranéen de l'Italie du Nord et du Midi, Algérie, Midi de la France, Grèce, Espagne, etc. Ils sont distincts des échantillons du Pliocène du Nord qui sont généralement plus allongés, plus étroits et plus bombés, (*T. perforata* Def.). L'espèce apparue ainsi dans le Pliocène Plaisancien, a passé dans l'Astien et elle a disparu au seuil de l'époque actuelle sans laisser de descendants dans nos mers d'Europe, elle paraît avoir vécu à une profondeur médiocre.

Localités.—Negreiro, Nadadoiro, Selir do Porto.

ADDENDA ET CORRIGENDA

Avant-propos page v, ligne 20, au lieu de «de la base», lisez: à la base.

   »   » viii, ligne 18, «*Glycimeris glycimeris*», lisez: *Glycymeris glycymeris*.

   »   » ix, ligne 37, au lieu de «du Tortonien ou Pliocène», lisez: du Tortonien au Pliocène.

   »   » xxi, ligne 20, au lieu de «qui se sont effectuées», lisez: qui furent effectuées.

   »   » xxiii, ligne 12 et 14, lisez: *Glycymeris glycymeris* et *Pectunculus glycymeris*.

Page 3. *Aspidopholas rugosa*. Dans un travail qui vient de paraître, par MM. Cossmann et Peyrot, sur la Conchyliologie néogénique de l'Aquitaine, les auteurs ont isolé *A. Branderi* Bast. comme espèce spéciale, occupant les étages Aquitanien et Burdigalien.

  » 5, ligne 24, «Desmoulins», lisez: Des Moulins.

  » 7, ligne 6, «*Glycimeridae*», lisez: *Glycymeridae*.

  » 7, ligne 7, «*Glycimeris glycymeris*», lisez: *Glycymeris glycymeris*.

      Glycymeris glycymeris, ajoutez la référence: 1909. Cerulli-Irelli, Fauna Malac. Mariana, p. 149, pl. XVII, fig. 1–7. L'auteur considère que le type est la forme tronquée obliquement du côté antérieur comme l'espèce vivante, et que les échantillons de forme arrondie antérieurement qu'il a trouvés au Monte Mario doivent former la var. *Faujasi*. L'exemplaire figuré du Portugal serait sensiblement typique.

  » 9. *Sphaenia anatina*. Nous sommes disposés à y réunir les figures 9–10, pl. XV, données par Mr. Cerulli-Irelli sous le nom de *Sp. testarum* Bonelli.

  » 10. *Corbulomya mediterranea*, ajoutez la référence: 1909. Cerulli-Irelli, Fauna Malac. Mariana, p. 148, pl. XVI, fig. 20. Il faut en rapprocher la petite espèce du Bordelais: le *Corbulomya (Lentidium) Tournoueri* Mayer, in Coss. et Pey. 1909, p. 185, pl. III, fig. 14–17.

  » 11. *Psammobia vespertina*, ajoutez la référence: 1909. Cerulli-Irelli, Fauna Malac. Mariana, p. 130, pl. XIII, fig. 27, sous le nom peut-être plus exact, comme plus ancien, de *Ps. depressa* Pennant.

  » 12. *Eastonia rugosa*. L'exemplaire que nous avons figuré, pl. I. fig. 16 et 17, paraît concorder très sensiblement avec l'*Eastonia Sacyi* Coss. et Pey., du Burdigalien de Cestas, fig. 24, qui n'est pour nous qu'une variété. Ajoutez la référence: 1909. Cerulli-Irelli, Fauna Malac. Mariana, p. 147, pl. XIV, fig. 38 et 39, qui représente une variété *longovata* Sacco, bien éloignée du type et dans un tout autre sens que l'*E. Sacyi*.

  » 13. *Lutraria lutraria*. Il résulte des descriptions et figures de MM. Coss. et Pey., qu'il faut considérer le *L. latissima* Deshayes non comme une variété, mais comme une espèce distincte, à sommets sensiblement plus excentriques. De même le *L. angusta* Desh. est une petite espèce ovalaire de l'Aquitanien et du Burdigalien de la Gironde, ainsi que de l'Helvétien de la Touraine, bien distincte du *L. angustior* Philippi qui reste une variété du type. Ajoutez: 1909. Cerulli-Irelli, p. 143, pl. XV, fig. 8. Avec fig. 13 une variété *coarctata* C. I., forme haute, voisine de notre figure 1, pl. II; puis une variété *gracilis* Conti, à charnière excentrique, taille médiocre, forme bien ovalaire; la var. *Jeffreysi* Gregorio formant passage au *L. oblonga*.

  » 14. *Mactra corallina*, ajoutez aux références: 1909. Cerulli-Irelli, Fauna Malac. Mariana, p. 139, pl. XIV, fig. 15–19.

  » 16. *Mactra subtruncata*, ajoutez les références: 1909. Cossmann et Peyrot, Actes Soc. Linn. Bordeaux, t. lxiii, p. 258, pl. VI, fig. 15–17, Helvétien.

      1909. Cerulli-Irelli, Fauna Malac. Mariana, p. 140, pl. XIV, fig. 21–37. Nomb. variétés. Extrait du Palaeontologia Italica, vol. xv, part. 3.

  » 17. *Syndosmya alba*, ajoutez: 1909. Cerulli-Irelli, p. 177, pl. XXI, fig. 8–17.

  » 20. *Tellina nitida*, ajoutez: 1909. Cerulli-Irelli, p. 171, pl. XX, fig. 24 et 25 (très rare).

  » 21. *Tellina crassa*, ajoutez: 1909. Cerulli-Irelli, p. 173, pl. XX, fig. 30 et 31 (très rare).

  » 21, ligne 2, au lieu de «Pl. II, fig. 21», lisez: Pl. II, fig. 20.

  » 22. *Tellina ventricosa*, ajoutez: 1909. Cerulli-Irelli, p. 174, pl. XX, fig. 32–40.

  » 23. *Capsa fragilis*, ajoutez: 1909. Cerulli-Irelli, p. 175, pl. XXI, fig. 5 et 6.

  » 24, ligne 2. Nous avons été conduit par l'examen de spécimens du Sénégal à assimiler le *Capsa laminosa* au *C. matadoa* Gmelin (Adanson).

  » 26. *Donax trunculus*, ajoutez: 1909. Cerulli-Irelli, p. 126, pl. XIII, fig. 4–11.

Page 28. *? Donax elongatus* Lam. Il convient de remplacer ce nom par celui du *D. rugosus* Linné, qui est un nom plus ancien, s'appliquant à la même forme.

» 36. *Lucina divaricata,* ajoutez: 1909. Cerulli-Irelli, p. 165, pl. XIX, fig. 34-40.

» 39, ligne 7, « *Erycinidea* » lisez: *Erycinidae.*

» 40, ligne 1, « *Cyclas sebetia* » lisez: *Cyclas Sebetia.*

» 50, ligne 1, « *Cardiidea* » lisez: *Cardiidae.*

» 50, ligne 13, « C'est le *Cardium* » lisez: C'est aussi le *Cardium.*

» 56, ligne 8, en montant, « Le *Jabel* » lisez: Le *Jabel.*

» 56, ligne 7, en montant, « devenue *A. pisolina* Lam. » lisez: non *A. pisolina* Lam.

» 76, ligne 5, « qui mériteraient bien le nom de », lisez: qui mériteraient bien le nom nouveau de …

» 76, dernière ligne, lisez au pluriel: Valves convexes et subgibbeuses.

» 79, *Pecten Benedictus,* ajoutez la référence: 1903. Blanckenhorn, Die Vola-Arten des aegyptischen und syrischen Neogens, p. 177.

1902. *Pecten bened.* Lam., corrigez: *Pecten Benedictus* Lamk.

TABLE ALPHABÉTIQUE

TABLE DES MATIÈRES

Famille IX—TELLINIDAE

Famille X—PETRICOLIDAE

Famille XI—DONACIDAE

Famille XII—VENERIDAE

Famille XIII—LUCINIDAE

Famille XIV—ERYCINIDAE

Famille XV—CYPRINIDAE

Famille XVI—ÁSTARTIDAE

Famille XVII—CARDITIDAE

Famille XVIII—CHAMIDAE

Famille XIX—CARDIIDAE

Famille XX—ARCIDAE

Famille XXI—NUCULIDAE

Famille XXII—AVICULIDAE

Famille XXIII—MYTILIDAE

Famille XXIV—LIMIDAE

Famille XXV—PECTINIDAE

Famille XXVI—OSTREIDAE

Famille XXVII—ANOMIIDAE

Brachiopoda

PLANCHES

PLANCHE I

Fig. 1, 2. *Pholas parva* Montagu (le même échantillon). Grandeur naturelle.—Senhora da Victoria.

Fig. 3. *Pharus legumen* Linné sp. Grandeur naturelle.—Nadadoiro.

Fig. 4, 5. *Pharus legumen* Linné (le même échantillon). Grandeur naturelle.—Nadadoiro.

Fig. 6. *Ensis siliqua* Linné sp. Grandeur naturelle.—Nadadoiro.

Fig. 7, 8. *Ensis siliqua* Linné sp. (le même échantillon). Grandeur naturelle.—Monte-Real.

Fig. 9. *Glycymeris glycymeris* Born sp. Grandeur naturelle.—Negreiro.

Fig. 10, 11. *Glycimeris glycimeris* Born sp. (charnières). Grandeur naturelle.—Aguas Santas.

Fig. 12, 13. *Corbulomya mediterranea* Costa sp. Grossi 1 ¹/₂ fois.—Aguas Santas.

Fig. 14. *Psammobia vespertina* Chemnitz sp. Grandeur naturelle.—Nadadoiro.

Fig. 15. *Psammobia vespertina* Chemnitz sp. (charnière). Grandeur naturelle.—Nadadoiro.

Fig. 16, 17. *Eastonia rugosa* Chemnitz sp. (même échantillon sur les deux faces). Grandeur naturelle.—Nadadoiro.

Fig. 18, 19. *Mactra corallina* Linné. Grandeur naturelle.—Nadadoiro.

Fig. 20, 21. *Mactra solida* Linné var. *ovalis*. Grandeur naturelle.—Negreiro.

Fig. 22, 23. *Mactra solida* Linné var. *ovalis*. Grandeur naturelle.—Nadadoiro.

Fig. 24 à 27. *Mactra solida* Linné var. *elliptica*. Grandeur naturelle.—Aguas Santas.

G. DOLLFUS et B. COTTER

PLANCHE II

Fig. 1. *Lutraria lutraria* Linné sp. type. Grandeur naturelle.—Nadadoiro.

Fig. 2, 3. *Lutraria lutraria* Linné var. *angustior*. Grandeur naturelle.—Negreiro.

Fig. 4. *Lutraria lutraria* Linné (charnière). Grandeur naturelle.—Nadadoiro.

Fig. 5, 6. *Lutraria lutraria* Linné var. *minor*. Grandeur naturelle.—Nadadoiro.

Fig. 7 à 14. *Mactra subtruncata* Da Costa var. *triangula* Renier. Grandeur naturelle.—Aguas Santas.

Fig. 15, 16. *Tellina elliptica* Brocchi var. *pomella* De Gregorio. Grandeur naturelle.—Nadadoiro.

Fig. 17. *Tellina elliptica* Brocchi var. *major* D.C.G. Grandeur naturelle.—Negreiro.

Fig. 18, 19. *Tellina nitida* Poli var. *bipartita* Basterot. Grandeur naturelle.—Nadadoiro.

Fig. 20. *Tellina nitida* Poli var. *minor* G. D. et B. C. Grandeur naturelle.—Negreiro.

Fig. 21. *Tellina nitida* Poli, type. Grandeur naturelle.—Negreiro.

Fig. 22. *Tellina (Arcopagia) crassa* Pennant. Grandeur naturelle.—Nadadoiro.

Fig. 23. *Tellina (Arcopagia) ventricosa* Marcel de Serres. Grandeur naturelle.—Nadadoiro.

G. DOLLFUS et B. COTTER

Pl. II.

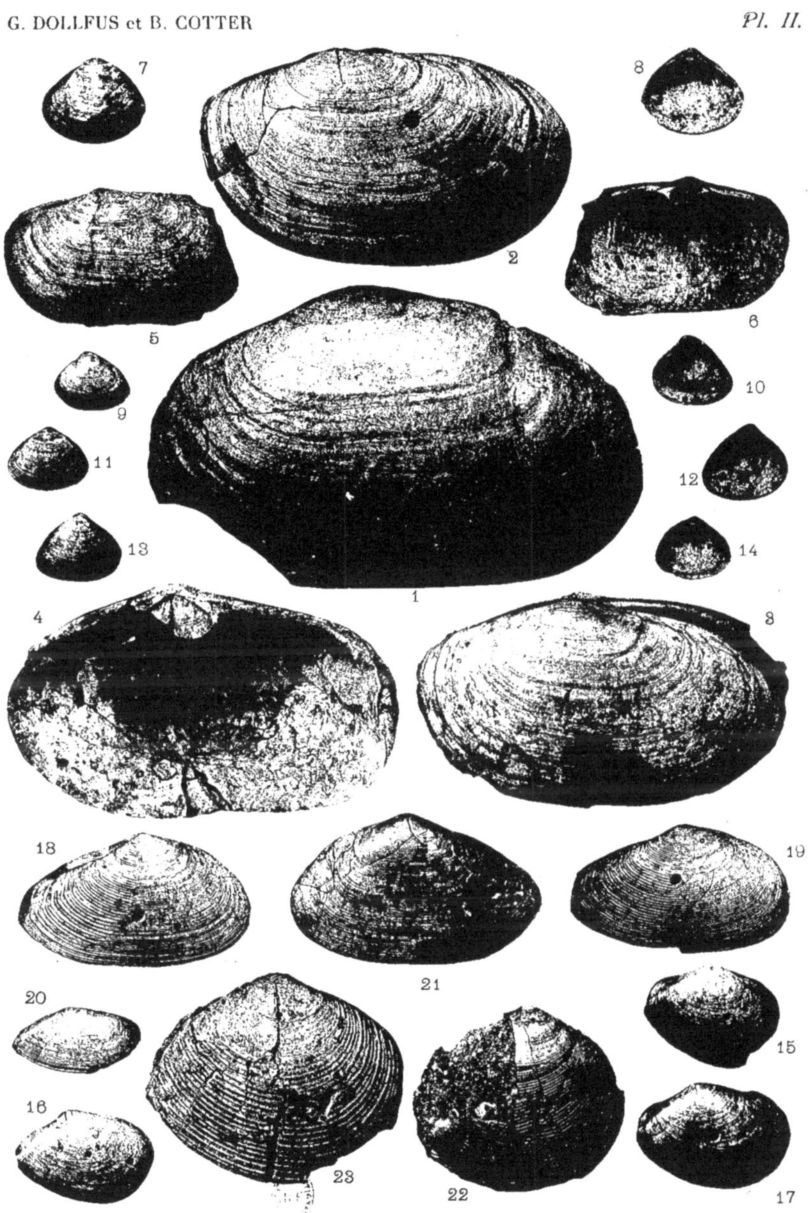

PLANCHE III

Fig. 1, 2. *Capsa fragilis* Linné sp. Grandeur naturelle.—Nadadoiro.

Fig. 3. *Capsa fragilis* Linné. Grandeur naturelle.—Negreiro.

Fig. 4, 5. *Capsa fragilis* Linné var. *perabbreviata.*—Senhora da Victoria.

Fig. 6, 7. *Capsa laminosa* Sowerby. Grandeur naturelle.—Aguas Santas.

Fig. 8, 9. *Donax trunculus* Linné var. *commutata* G. D. et B. C. Grossi 1 ½ fois.—Aguas Santas.

Fig. 10. *Donax Limai* n. sp. Grandeur naturelle.—Monte-Real.

Fig. 11, 12. *Donax rugosus* Linné? Grandeur naturelle.—Monte-Real.

Fig. 13 à 15. *Tapes vetula* Basterot sp. var. *plioglabroides.* Grandeur naturelle.—Negreiro.

Fig. 16 à 18. *Venus verrucosa* Linné var. *tumida.*—Nadadoiro.

Fig. 19, 20. *Venus ovata* Pennant var. *minor.* Grossi 2 fois.—Aguas Santas.

Fig. 21, 22. *Lucina (Jagonia) decussata* O. G. Costa. Grossi 2 fois.—Nadadoiro.

Fig. 23, 24. *Lucina (Digitaria) digitaria* Linné sp. Grossi 2 fois.—Nadadoiro.

Fig. 25, 26. *Lucina (Divaricella) divaricata* Linné var. *rotundoparva.* Grossi 2 fois.—Nadadoiro.

Fig. 27 à 29. *Lucina (Divaricella) divaricata* var. *rotundoparva.* Grossi 2 fois.—Negreiro.

Fig. 30, 31. *Pseudopythina Mac-Andrewi* Fischer sp. Grossi ½ fois.—Aguas Santas.

Fig. 32, 33. *Pseudopythina Mac-Andrewi* Fischer. Grossi 2 fois.—Nadadoiro.

Fig. 34 à 37. *Scacchia elliptica* Scacchi sp. Grossi 2 fois.—Aguas Santas.

Fig. 38, 39. *Kellyia Sebetiae* Costa sp. Grossi 2 fois.—Nadadoiro.

G. DOLLFUS et B. COTTER

Pl. III.

PLANCHE IV

Fig. 1. *Meretrix chione* Linné sp. Grandeur naturelle. — Negreiro.

Fig. 2. *Meretrix chione* Linné. Grandeur naturelle. — Nadadoiro.

Fig. 3, 4. *Venus fasciata* Da Costa, var. *sulcata* G. D. et B. C. Grossi $\frac{1}{2}$ fois. — Aguas Santas.

Fig. 5 à 10. *Venus fasciata* Da Costa, var. *rudis*. Grossi $\frac{1}{2}$ fois. — Aguas Santas.

Fig. 11, 12. *Dosinia exoleta* Linné, var. *major*. — Negreiro.

Fig. 13, 14, 15. *Dosinia exoleta* Linné, var. *complanata*. Grandeur naturelle. — Negreiro.

Fig. 16. *Dosinia exoleta* Linné, type. Grandeur naturelle. — Nadadoiro.

Fig. 17 à 20. *Coralliophaga glabrata* Brocchi (même échantillon). Grandeur naturelle. — Senhora da Victoria.

Fig. 21, 23, 26. *Cardita Matheroni* Mayer. Grandeur naturelle. — Aguas Santas.

Fig. 22, 24, 25. *Cardita Matheroni* Mayer. Grandeur naturelle. — Negreiro.

G. DOLLFUS et B. COTTER

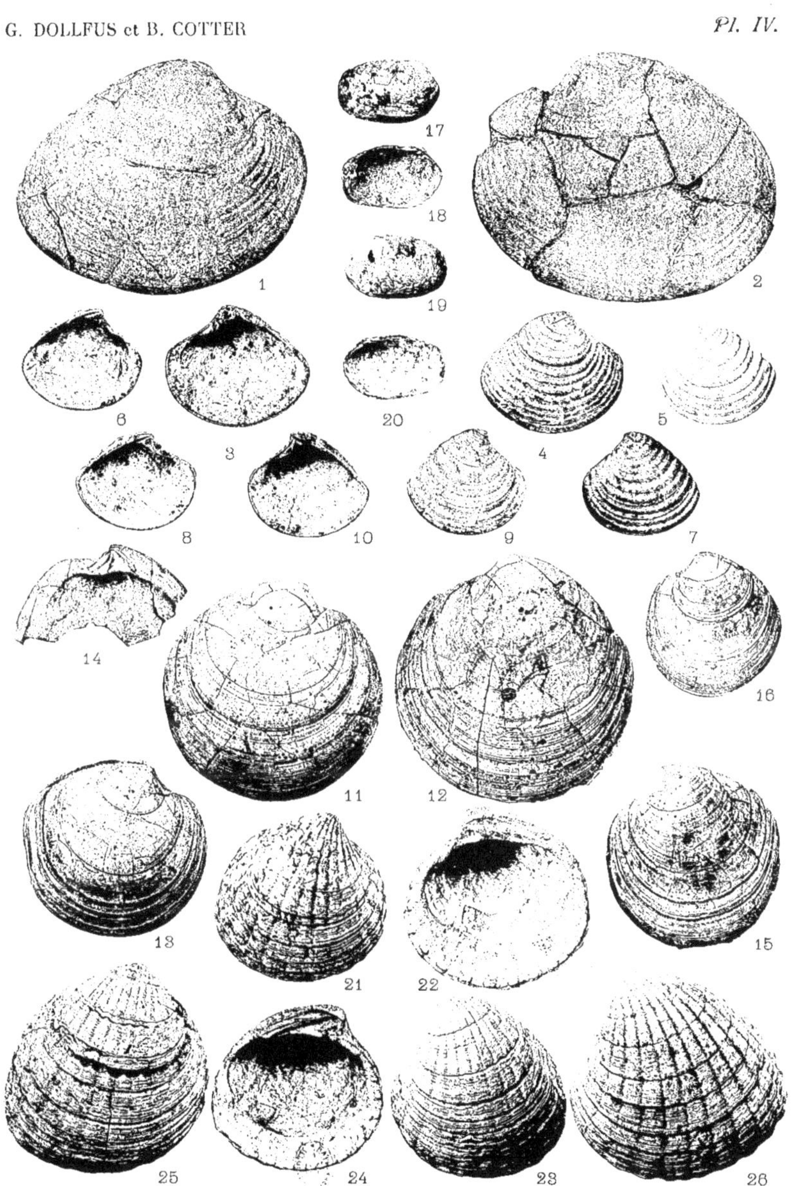

PLANCHE V

Fig. 1, **2**, **4**. *Astarte fusca* Poli sp. Grandeur naturelle.—Aguas Santas.

Fig. 3. *Astarte fusca* Poli. Grandeur naturelle.—Nadadoiro.

Fig. 5 *a,* 5 *b. Astarte fusca* Poli. Grossi 1 ½ fois.—Nadadoiro.

Fig. 6, 7. *Cardita calyculata* Linné sp. Grossi 3 fois.—Aguas Santas.

Fig. 8, 9, 10, **11**. *Cardita scalaris* Sowerby sp. Grossi 5 fois.—Aguas Santas.

Fig. **12**. *Cardita antiquata* Linné sp. Grandeur naturelle.—Nadadoiro.

Fig. 13. *Cardita antiquata* Linné. Grandeur naturelle.—Negreiro.

Fig. **14**, 15. *Cardita antiquata* Linné. Grandeur naturelle.—Aguas Santas.

Fig. 16. *Cardita striatissima* Nyst var. *abbreviata* G. D. et B. C. Grandeur naturelle.—Negreiro.

Fig. 17. *Cardita striatissima* Nyst. Grandeur naturelle.—Aguas Santas.

Fig. 18, 19, **20**, **21**, **22**, **23**. *Cardita striatissima* Nyst. Grandeur naturelle.—Nadadoiro.

Fig. **24**, **26**, **27**, **28**. *Pectunculus glycymeris* Linné. Grandeur naturelle.—Nadadoiro.

Fig. **25**. *Pectunculus glycymeris* Linné. Grandeur naturelle.—Negreiro.

G. DOLLFUS et B. COTTER

Pl. V.

PLANCHE VI

Fig. 1. *Pectunculus cor* Lamarck, type. Grandeur naturelle. — Aguas Santas.

Fig. 2, 4. *Pectunculus cor* Lamarck. Grandeur naturelle. — Monte-Real.

Fig. 3. *Pectunculus glycymeris* Linné. Grandeur naturelle. — Nadadoiro.

Fig. 5, 6. *Chama gryphina* Lamarck. Grandeur naturelle. — Aguas Santas.

Fig. 7, 8. *Arca diluvii* Deshayes, var. *compresso-gibba*. Grossi 2 fois. — Aguas Santas.

Fig. 9, 10. *Arca lactea* Linné. Grossi 2 fois. — Nadadoiro.

Fig. 11, 12. *Arca pectinata* Brocchi. Grandeur naturelle. — Negreiro.

Fig. 13, 14. *Arca pectinata* Brocchi. Grandeur naturelle. — Nadadoiro.

Fig. 15 à 18. *Arca mytiloides* Brocchi. Grandeur naturelle. — Negreiro.

Fig. 19, 20, 21, 22. *Leda pella* Linné sp. Grossi 4 fois. — Aguas Santas.

Fig. 23, 24. *Leda fragilis* Chemnitz sp. type. Grossi 4 fois. — Aguas Santas.

Fig. 25, 26. *Leda fragilis* Chemnitz, var. *deltoidea*. Grossi 5 fois. — Nadadoiro.

G. DOLLFUS et B. COTTER

PLANCHE VII

Fig. 1. *Radula lima* Linné sp. Grandeur naturelle. — Nadadoiro.

Fig. 2, 3, 4. *Pecten Benedictus* Lamarck. Grandeur naturelle. — Nadadoiro.

Fig. 5. *Pecten flexuosus* Poli sp. Grandeur naturelle. — Nadadoiro.

Fig. 6. *Pecten flexuosus* Poli. Grandeur naturelle. — Selir do Porto.

Fig. 7. *Chlamys varius* Linné sp. vár. *percostulata*. Grandeur naturelle. — Nadadoiro.

Fig. 8. *Chlamys varius* Linné. Grandeur naturelle. — Selir do Porto.

Fig. 9. *Chlamys varius* Linné. Grandeur naturelle. — Negreiro.

Fig. 10. *Chlamys varius* Linné. Grandeur naturelle. — Monte-Real.

Fig. 11, 12, 13. *Pecten opercularis* Linné sp. Grandeur naturelle. — Selir do Porto.

Fig. 14. *Pecten pes felis* Linné sp. Grandeur naturelle. — Selir do Porto.

Fig. 15, 16. *Nucula nucleus* Linné sp. Grandeur naturelle. — Nadadoiro.

G. DOLLFUS et B. COTTER

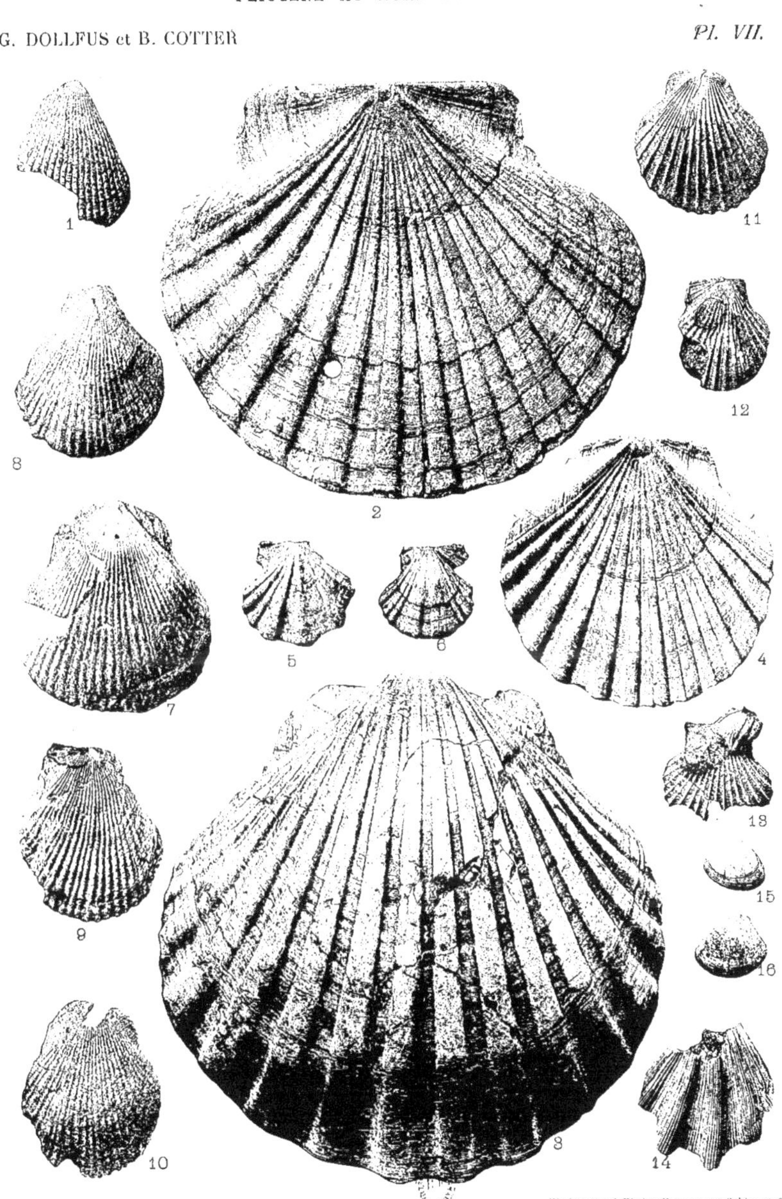

PLANCHE VIII

Fig. 1. *Mytilus galloprovincialis* Lamarck, var. *acrocyrta*. Grandeur naturelle. — Nadadoiro.

Fig. 2. *Mytilus galloprovincialis* Lamarck type. Grandeur naturelle. — Nadadoiro.

Fig. 3. *Modiola adriatica* Lamarck, var. *elongata*. Grandeur naturelle. — Nadadoiro.

Fig. 4. *Hinnites crispus* Brocchi sp. Grandeur naturelle. — Nadadoiro.

Fig. 5, 6. *Chlamys excisus* Born. Grandeur naturelle. — Nadadoiro.

Fig. 7, 8. *Chlamys excisus* Born. Grandeur naturelle. — Aguas Santas.

Fig. 9. *Chlamys excisus* Born. Grandeur naturelle. — Negreiro.

Fig. 10, 11. *Anomia ephippium* Linné, var. *ruguloso-striata*. Grandeur naturelle. — Nadadoiro.

Fig. 12. *Anomia ephippium* Linné int. Grandeur naturelle. — Nadadoiro.

Fig. 13, 14. *Anomia ephippium* Linné, var. *orbiculata*. Grandeur naturelle. — Nadadoiro.

G. DOLLFUS et B. COTTER

Pl. VIII.

PLANCHE IX

Fig. 1. *Ostrea edulis* Linné. Grandeur naturelle.—Nadadoiro.

Fig. 2. *Ostrea edulis* Linné. Grandeur naturelle.—Aguas Santas.

Fig. 3. *Ostrea edulis* Linné. Grandeur naturelle.—Negreiro.

Fig. 4, 5. *Ostrea edulis* Linné, var. *sonora*. Grandeur naturelle.—Nadadoiro.

Fig. 6. *Terebratula ampulla* Brocchi sp. type. Grandeur naturelle.—Selir do Porto.

Fig. 7, 8, 9. *Terebratula ampulla* Brocchi. Grandeur naturelle.—Nadadoiro.

Fig. 10. *Terebratula ampulla* Brocchi, var. *pertransversa* G. D. et B. C. Grandeur naturelle.—Selir do Porto.

Fig. 11, 12. *Terebratula ampulla* Brocchi, var. *pertransversa* G. D. et B. C. Grandeur naturelle.—Nadadoiro.

G. DOLLFUS et B. COTTER

Pl. IX.